清华大学出版社
北 京

内 容 简 介

这是一本写给零基础学编程读者的入门书。本书通过一个个独立的项目，让读者掌握C++语言编程的方法与技巧，从而打开编程世界的大门。这也是一本写给中小学信息技术教师的书，它可以引领教师开展项目式学习实践研究，帮助教师摸索出一套行之有效的项目式学习的路径与方法。

本书以C++编程语言为内容进行项目式学习，形成了项目式学习的一套流程，其主要分为项目名称、项目准备、项目规划、项目实施、项目支持、项目提升和项目拓展。

本书结构合理，内容翔实，语言精练，图文并茂，实用性强，易于自学。其主要内容包括初识C++编程、打牢基础、顺序结构、分支结构、循环结构、数组、函数妙用要记牢、巧用文件输数据、勇当编程小达人。

本书适合对编程感兴趣的中小学生以及不同年龄的初学者阅读，也适合家长和老师作为指导青少年学习计算机程序设计的入门教程。

图书在版编目(CIP)数据

中小学C++编程项目学习创意课堂：微课版 / 方其桂主编. —北京：清华大学出版社，2022.1
（2024.11重印）
ISBN 978-7-302-59130-6

Ⅰ. ①中… Ⅱ. ①方… Ⅲ. ①C++语言—程序设计—青少年读物 Ⅳ. ①TP312.8-49

中国版本图书馆CIP数据核字(2021)第182177号

责任编辑：李　磊
封面设计：杨　曦
版式设计：孔祥峰
责任校对：马遥遥
责任印制：沈　露

出版发行：清华大学出版社
　　网　址：https://www.tup.com.cn，https://www.wqxuetang.com
　　地　址：北京清华大学学研大厦A座　　**邮　编：**100084
　　社 总 机：010-83470000　　**邮　购：**010-62786544
　　投稿与读者服务：010-62776969，c-service@tup.tsinghua.edu.cn
　　质 量 反 馈：010-62772015，zhiliang@tup.tsinghua.edu.cn
印 装 者：天津鑫丰华印务有限公司
经　销：全国新华书店
开　本：170mm×240mm　　**印　张：**17.5　　**字　数：**384千字
版　次：2022年3月第1版　　**印　次：**2024年11月第7次印刷
定　价：79.80元

产品编号：090199-01

编委会

主　　编　方其桂

副 主 编　李怀伦　王丽娟

编委会成员

杨艳平

冯士海

何凤四

江　浩

前言

这是一本编程入门书，专门针对零编程基础的读者。本书采用多个独立、有趣的小项目，循序渐进地介绍C++语言编程的基本知识与技巧，从而揭开计算机编程的奥秘。同时，本书也是中小学信息技术教师的得力助手。它可以引领教师开展项目学习实践研究，帮助教师摸索出一套行之有效的项目学习路径与方法。

一、编程是什么

人们常说的“编程”，就是编写让计算机执行的一系列指令。这些指令含有解决问题的思路，具有很强的逻辑关系，帮助我们解决现实中的难题。许多指令都存储在一个文件里，这个文件就是程序。就像我们写作文需要掌握一门语言一样，编写程序需要的是一门计算机编程语言。C++语言即是众多计算机编程语言中的一种。我们每天都在使用各种各样的软件，如QQ、微信、360安全卫士、火车售票系统等，这些软件的主要构成就是人们编写的程序。

二、学习编程的好处

我们身处的这个时代是人类历史上一个发展迅速的伟大时代。互联网、智能手机、各种App、大数据、机器人等得到广泛应用。随着5G的覆盖，物联网、人工智能也很快会大面积地实现和普及。这一切的背后，都离不开人类编写的程序。事实上，编程已经成为中小学教育的重要组成部分，因为编程有几方面很显著的作用。

- **编程是最好的智力启蒙活动：** 编程能促进学生的记忆力、想象力、逻辑推理能力的提高，有效促进智力培养。
- **编程的过程是一种思维方式：** 它教给学生如何创造性思考、协同工作，提高做事的计划性，增强分析问题、解决问题的能力。
- **编程是处理信息的现代方式：** 在信息社会，认识信息、理解信息、驾驭信息的最好途径就是学习编程，发挥信息的作用。

在未来世界中，编程能力可以说是一个受过教育的人的基本能力，就像今天一个上过学、读过书的人要具备基本的读写能力一样。

三、C++是什么

C++是一门非常优秀的计算机编程语言，它操作方便、上手快、简单易学，比较适合初学者。C++已经成为三大主流编程语言之一，非常适合作为孩子的编程启蒙。C++有如下优点。

- **入门容易：**其使用界面简洁，编写程序的过程简便、容易上手，非常适合初学编程者学习。
- **设计严谨：**C++虽简单，其设计却很严谨，让用户可以将全部心思放在程序的设计中。

四、什么是项目学习

学习编程，传统的学习模式以编程语言的语法教学为主线，通常是先学习编程用到的语句，再通过练习巩固所学的语法规范。大量的专业名词，等到亲自实践时，往往无从下手，要么只是将书上的程序搬运到计算机中，遇到实际问题还是无法编写出程序。本书采用项目学习的理念与方法，将程序设计课程中的知识分开重组，设计成一个个独立的项目。在完成项目的过程中发现问题、分析问题和解决问题，将知识建构、技能培养与思维发展融入解决问题的过程中。其主要过程分为项目名称、项目准备、项目规划、项目实施、项目支持、项目提升和项目拓展。这样，在完整的项目中学习者能够体验解决问题的全过程，进行思维、能力训练，从而有效提高分析问题和解决问题的能力。

五、本书结构

本书按照由易到难的顺序，将所有的知识点融入一个个贴近实际的项目中。从简单到复杂，读者可以先跟着动手做一做，在制作的过程中逐渐理解项目，体验项目的制作流程，掌握项目制作的一般方法。在完成书中项目的基础上进一步拓展，激发创新思维。全书按照知识顺序、难度分为9章，每章以知识点区分，每小节均以项目的形式呈现，便于读者学习和教师教学。

- **项目名称：**导入实际问题、强调核心知识点。
- **项目准备：**提出问题、准备知识。
- **项目规划：**思路分析、算法设计。
- **项目实施：**编程实现、调试运行。
- **项目支持：**细说新旧知识点。
- **项目提升：**程序解读、注意事项、程序改进。
- **项目拓展：**程序阅读、程序改错、程序填空、编写程序。

六、本书特色

本书适合零基础或已经接触过C++编程，且对C++感兴趣的青少年阅读，也适合家长和老师作为指导孩子程序设计的提升教程。为充分调动读者的学习积极性，本书在编写时体现了如下特色。

- **案例丰富**：本书案例丰富，涉及编程的诸多类别，内容编排合理，难度适中。每个案例都有详细的分析和制作指导，降低了学习的难度，使读者对所学知识更加容易理解。
- **图文并茂**：本书使用图片代替大段的文字说明，使读者一目了然，帮助读者轻松读懂描述的内容。具体的操作步骤图文并茂，用图文结合的方式来讲解程序的编写方法，便于读者边学边练。
- **资源丰富**：本书为所有案例都配备了素材和源文件，并提供了相应的微课，从数量到内容都有更多的选择，为读者学习扫清了障碍。
- **形式贴心**：读者如果在学习的过程中遇到疑问，可阅读“项目支持”部分，以避免在学习的过程中走弯路。

七、读者对象

本书适合10岁以上有阅读能力的读者使用，不需要他们有编程基础。对于低龄儿童，建议在家长和老师的指导下阅读。教师、家长在使用本书教学时，可以让学生先用手机扫描书中的二维码，借助微课先行学习，然后再利用本书上机操作实践。

本书的目的不是把孩子培养成编程工程师。为了使读者阅读本书能取得最大的价值，获得更好的学习效果，我们提出如下建议。

- **按顺序阅读**：本书对知识点做了精心设计，建议读者按照顺序由简到难阅读。
- **在做中学习**：建议在计算机旁边阅读本书，一边实践，一边体会书中案例的作用。
- **多思考尝试**：构思项目可以怎么做，分析为什么那样做。只要有想法，就尝试实现。
- **不怕困难和失败**：学习肯定会遇到各种各样的困难，失败是很正常的，失败说明这种方法不可行，也就距离可行的方法近了一步。
- **多与他人交流**：和朋友一起学习和探讨，分享自己的项目，从而快速学习别人的优点。遇到问题，可以向老师请教，也可以和本书作者联系，我们会努力帮助你们解决问题。

八、关于作者

参与本书编写的作者有省级教研人员，以及具有多年教学经验的中小学信息技术教师，曾经编写并出版过多本编程书籍，有着丰富的教材编写经验。

本书由方其桂任主编，李怀伦、王丽娟任副主编。王丽娟编写第1、2、7、8、9章，杨艳平编写第5章，李怀伦编写第3、4、6章。随书资料由方其桂整理制作。

虽然我们有着十多年编写计算机图书的经验，并尽力认真构思验证和反复审核修改本书内容，但书中仍难免有一些瑕疵。我们深知一本图书的好坏，需要广大读者去检验评说，在此我们衷心希望读者对本书提出宝贵的意见和建议。服务电子邮箱为wkservice@vip.163.com。

九、配套资源

本书的案例配有微课，扫描书中案例名称旁边的二维码，即可直接打开视频进行观看，或者推送到自己的邮箱中下载后进行观看。另外，本书提供教学课件和案例源文件，扫描右侧的二维码，可将内容推送到自己的邮箱中，下载即可获取相应的资源(注意：请将二维码下的压缩文件全部下载完毕再进行解压，即可得到完整的文件内容)。

编者

目录

第1章 初识C++编程

第2章 打牢基础

第3章 顺序结构

第4章 分支结构

第5章 循环结构

第9章 勇当编程小达人

第 1 章

初识 C++ 编程

现实生活中，人与人的沟通，是通过语言进行交流的。那么，要与计算机沟通，让计算机帮忙解决问题，就需要使用计算机能够理解的语言，如 C++ 语言。C++ 语言是一门操作方便、上手快、简单易学的计算机编程语言，比较适合初学者。

目前，C++ 已成为世界主流编程语言之一，如果掌握了 C++ 语言，就可以编写各种程序，让计算机按照你的思路去工作。如果学得好，还可以参加全国青少年信息学奥林匹克竞赛，成为信息学界的“大牛”。让我们一起开始行动吧！

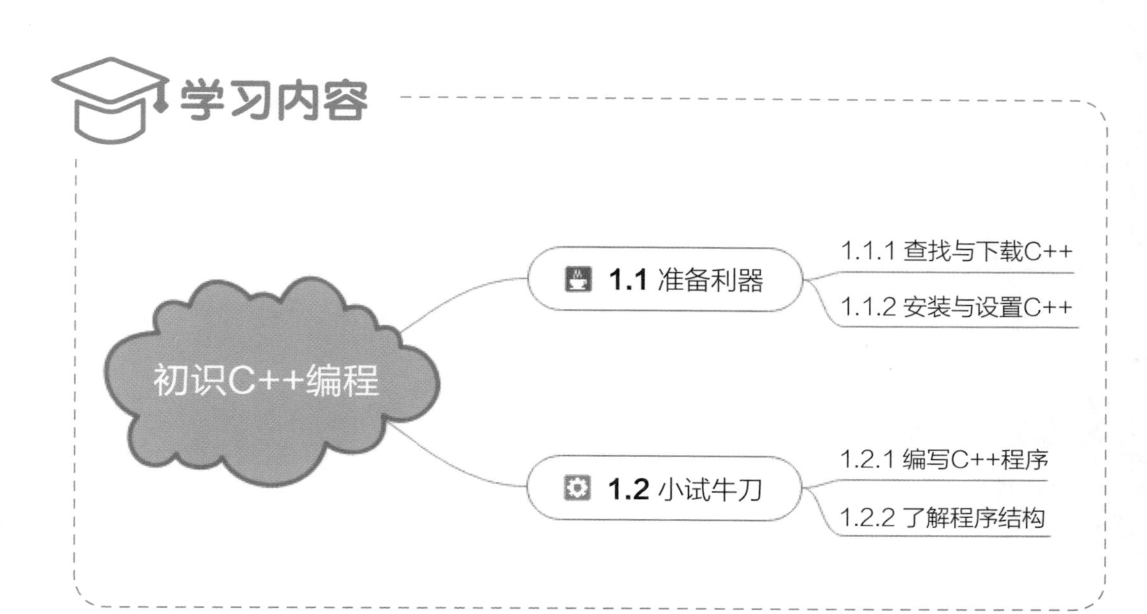

1.1 准备利器

生活中，处处可以见到软件。例如，与朋友交流用的QQ、微信，购物用的支付宝，出门用的共享单车软件，等等。可以说，软件使我们的生活变得更方便、快捷、美好。软件是由程序构成的，程序又是使用编程软件开发设计的。因此，学习编程，首先要在计算机上下载并安装编程软件。

1.1.1 查找与下载C++

写程序可以使用记事本、Word等软件，但这些软件无法运行已经编写好的程序。所以，为了让计算机运行我们的程序，首先需要下载一个C++软件。

项目名称 **嘟嘟的苦恼**

文件路径 无

嘟嘟参加了学校的编程社团，第一次参与活动就感受到了C++编程的神奇魅力。回到家后，他想上机再尝试编写一个程序，但当他打开计算机后，却怎么也找不到C++软件。请你帮助嘟嘟查找并下载C++软件。

项目准备

1. 提出问题

要查找并下载C++软件，首先要思考如下问题。

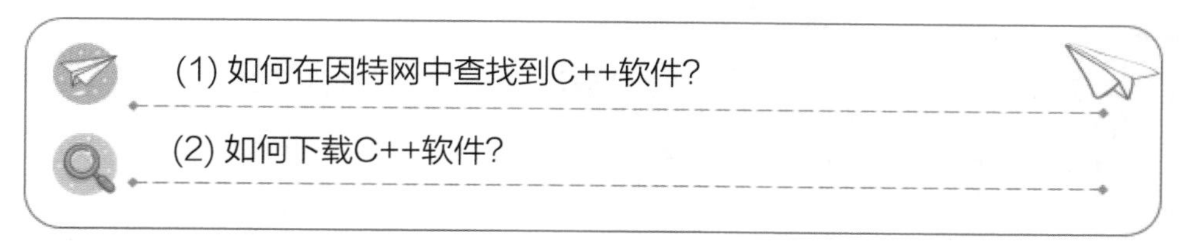

2. 相关知识

网上C++编译器的种类繁多，针对不同的操作系统也有不同的编译器可供选择，其中Dev-C++较适合中小学生使用。在百度中搜索关键词“Dev-C++ 下载”，即可找到此类编译器。为了尽量避免病毒入侵，最好从权威的官方网站下载。

项目规划

下载C++软件与下载其他软件的方法一样，其下载步骤如下。

第一步：打开百度网站。
第二步：查找下载软件的网址。
第三步：打开下载网页，下载所需软件。

项目实施

01 查找 Dev-C++ 软件　打开浏览器，进入搜索网站，搜索关键词“dev-C++ 下载”，按下图所示操作，找到 Dev-C++ 的下载网址并打开。

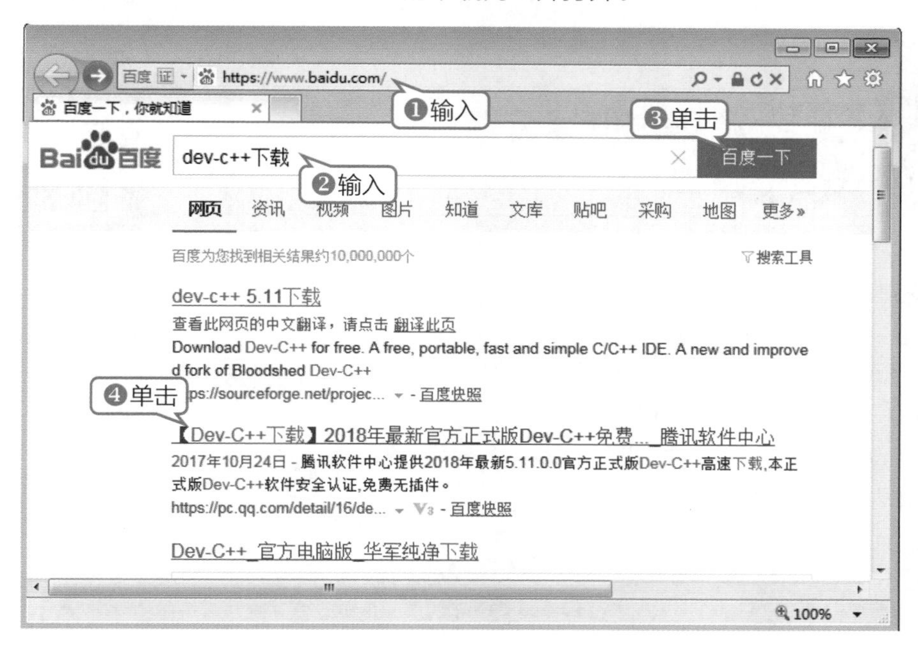

02 下载并保存软件　按下图所示操作，下载并保存 Dev-C++ 软件。

1.1.2　安装与设置C++

Dev-C++是一款在Windows环境下运行的免费软件，非常适用于初学者。下面就以Dev-C++ 5.11版本为例，介绍其安装与界面设置的方法。

嘟嘟已经将C++软件下载并保存到了计算机中，但是还是不能运行，他必须先安装并设置C++软件。请你帮助嘟嘟安装Dev-C++ 5.11软件，设置软件为中文界面，设置字体为Consolas、字号为18号。

项目准备

1. 提出问题

要安装并设置C++软件，首先要思考如下问题。

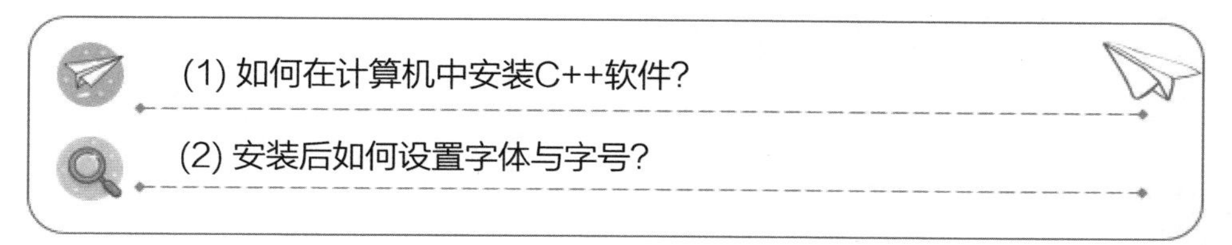

2. 相关知识

根据版本的不同，C++软件又分为Visual C++和Dev-C++。不同的版本，有不同的语言规则和格式。Dev-C++是一个Windows下的C、C++程序的集成开发环境。其中Dev是Developer开发者的缩写，C++是编程软件的名称。

项目规划

Dev-C++软件下载完成后，需要安装Dev-C++，才能进行编写、编译和调试等操作。不同的软件版本，在安装和设置软件时，操作步骤也不完全相同。下面仍以Dev-C++ 5.11版本为例，介绍其安装与界面设置的方法。

第一步：双击运行软件，按软件界面的提示，一步一步地安装软件。
第二步：设置软件为中文界面。
第三步：设置编辑器的字体、字号。

项目实施

01 打开安装程序　打开编程软件文件夹，双击下载的 Dev-C++ 文件，按下图所示操作，进行程序安装。

02 选择程序选项　按下图所示操作，选择程序安装选项。

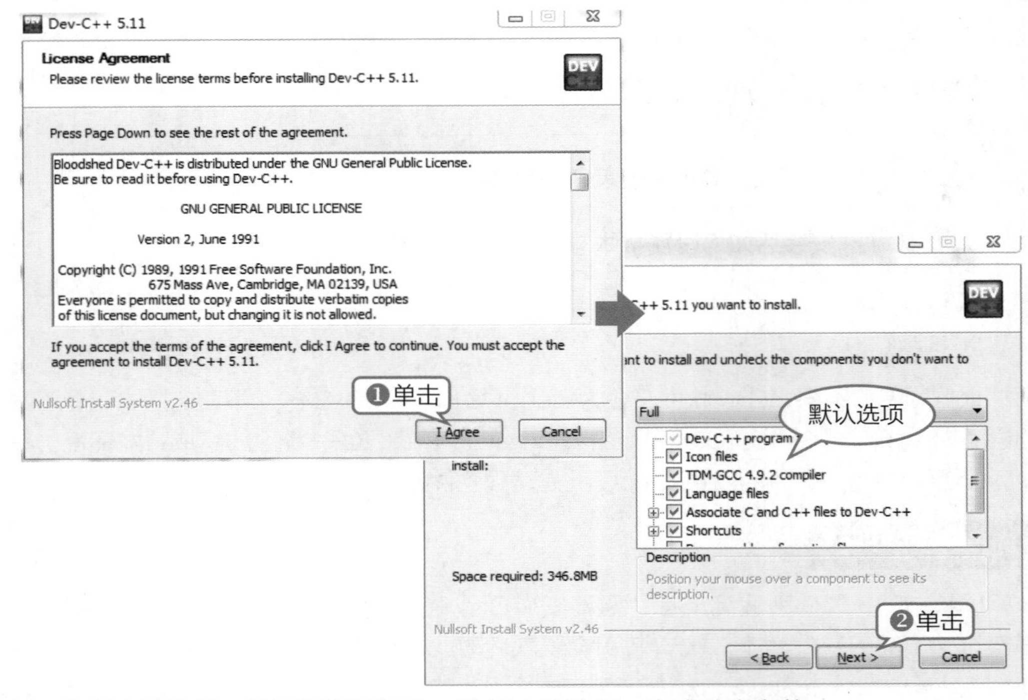

03 选择安装路径　按下图所示操作，选择安装路径，完成程序安装。

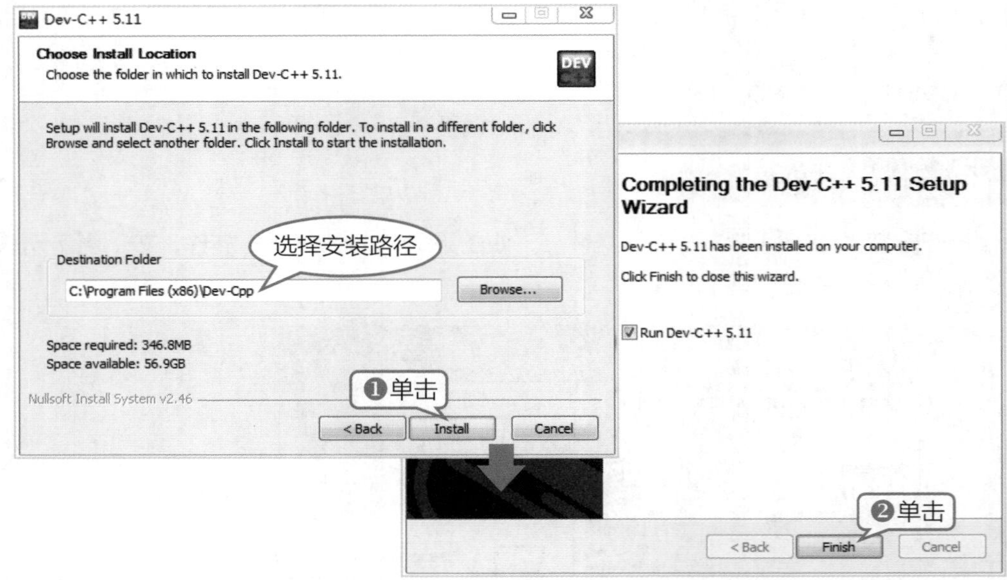

04 设置界面　程序安装完成后，单击 Finish 按钮，按下图所示操作，设置 Dev-C++ 为中文界面。

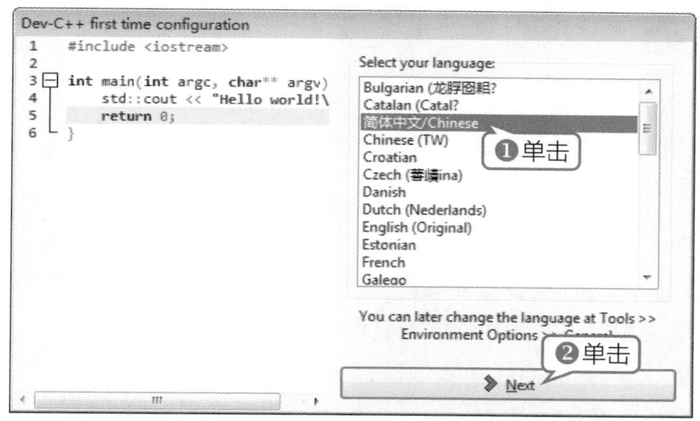

05 设置字体　按下图所示操作，设置 Dev-C++ 编辑器的字体为 Consolas。

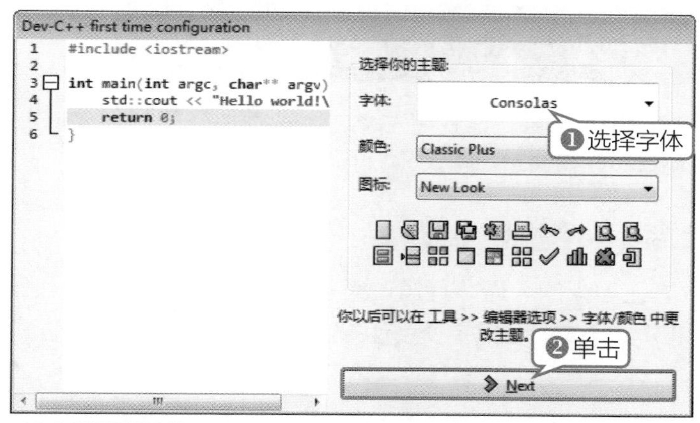

06 设置字号　单击 OK 按钮，完成 Dev-C++ 设置。运行 Dev-C++ 软件，选择“工具”→“编辑器选项”命令，打开“编辑器属性”对话框，按下图所示操作，设置程序字号。

项目支持

1. Dev-C++特点

Dev-C++的特点是界面简洁，功能齐全，适合青少年使用，可以实现C++程序的编辑、编译、运行和调试工作。

2. 编写和编译

编写程序就是人们通常所说的编程，是指为解决某一问题，在遵循特定计算机语言(如C++语言)规则的前提下，编写程序的过程。

因为计算机只认识机器语言，必须将编写的程序代码翻译成机器语言，计算机才能识别，这里的“翻译”就是“编译”。编译是将代码转换成程序必要的加工过程。

1.2 小试牛刀

“千里之行，始于足下”，让我们先绕过那些烦琐的语法规则细节，从简单的程序学起，逐步了解和掌握如何编写程序。

1.2.1 编写C++程序

现实生活中，人与人的沟通，是通过语言进行交流的。那么，如果要与计算机沟通，让计算机帮忙解决问题，就需要使用计算机能够理解的语言。

项目名称 **让计算机开口说话**

文件路径 第1章\案例\项目1 让计算机开口说话.cpp

皮皮第一次使用Dev-C++软件编程，非常兴奋。他想使用软件让计算机“开口说话”。请尝试编写一段程序，让计算机输出“奔跑吧，同学！”。

项目准备

1. 提出问题

想通过编程让计算机“开口说话”，首先要思考如下问题。

(1) C++语言的基本格式是怎样的?

(2) 如何让计算机“开口说话”？

2. 相关知识

英汉词典

- **main**(主要的，最重要的)
- **using**(使用)
- **namespace**(命名空间)
- **std**(standard缩写，标准)

cout输出语句格式

在刚接触编程时，多动手模仿是一条捷径。想让计算机“开口说话”可以按以下格式模仿使用cout输出语句。

格式：cout<< 变量(常量);

功能：把变量或常量的值输出到屏幕上。如cout<< "你好";，表示输出你好。"你好"作为字符常量输出一定要加英文的双引号。

项目规划

根据皮皮的想法，要使用C++输出语句“奔跑吧，同学！”，可分为以下三个步骤。

第一步：开始程序。
第二步：输出“奔跑吧，同学！”。
第三步：结束程序。

项目实施

01 打开软件　双击桌面上的 Dev-C++ 图标，运行 Dev-C++ 软件。

02 新建源程序　选择“文件”→“新建”→“源代码”命令，新建一个源程序文件，界面如图所示。

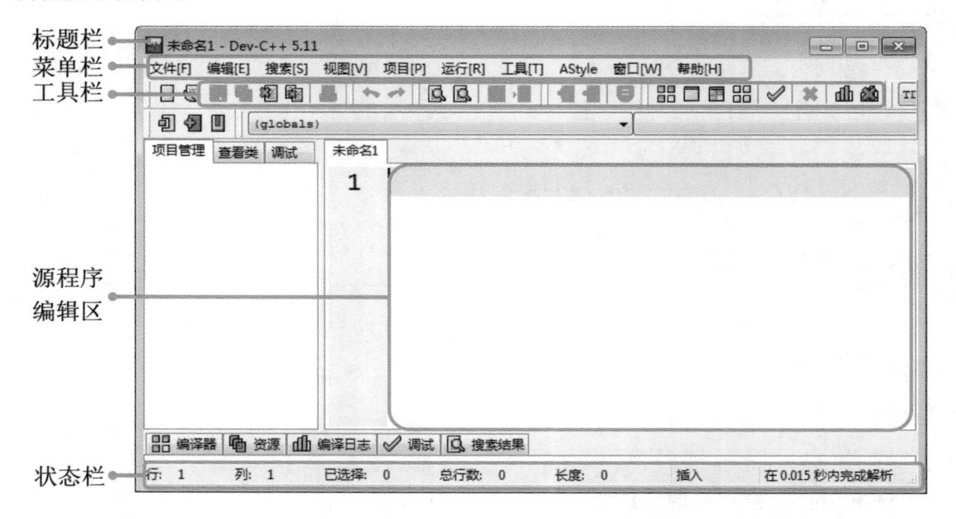

一个源程序文件只能编写一个程序，如果再编写另一个程序，就需要新建一个源程序文件。

03 **编写程序**　在源文件的编辑界面，输入以下代码，并以“项目 1　让计算机开口说话 .cpp”为程序名保存，如图所示。

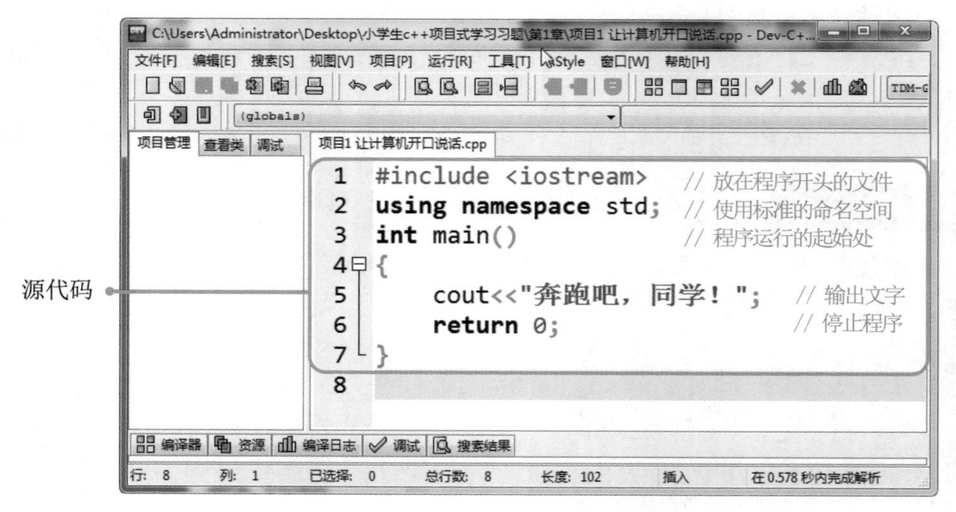

在编写每个程序之前，开头都要有#include<iostream>和命名空间using namespace std;，我们先不必理解它们的含义，写在程序的开头即可。

04 编译运行程序　选择“运行”→“编译运行”命令，对源程序进行编译，运行结果如图所示。

> 要编译运行程序也可以单击工具栏上的“编译运行”工具，或直接按F11键，即可对源代码进行编译运行。

测一测　请修改程序，并将输出的结果填写在相应的表格内。

序号	修改第 5 行语句	输出
1	cout<<"hello";	
2	cout<<"你好，小C";	
3	cout<<"^–^";	

写一写　要使计算机在屏幕上输出字符，必不可少的代码有哪些？请写在下面的方框中。

项目支持

1. 指令和语句

指令是指能完成某一个简单功能的操作命令，如输出命令cout<<和输入命令cin>>等。而语句是指能完成某一功能的命令序列，如if(a>b)、cout<<a等。

2. 程序和源代码

程序是为完成某一特定任务或解决特定问题，使用计算机语言编写的一系列指令。

源代码是用计算机语言(如C++)写出来的代码，是一系列人类可读的计算机语言指令。源代码经过编译后就构成了程序。

项目提升

1. 程序解读

cout<<表示输出，具体使用格式后文会有详细介绍。它可以输出一个整数，如cout<<5；也可以输出一个变量，如cout<<a。

2. 注意事项

编写程序前，一定要先了解Dev-C++的规则和格式，才能写出符合规则的程序。

项目拓展

1. 阅读程序写结果

阅读以下程序，在下面的横线上填写最终的运行结果。

```
1  #include<iostream>              // 包含头文件
2  using namespace std;            // 命名空间
3  int main()                      // 主函数
4  {
5      cout<<"我喜欢编程"<<endl;   // 输出文字
6  }
```

运行结果：________________

2. 改错题

下面这段代码用来在屏幕上分两行输出“hi”“你好”。其中标出的地方有错误，快来改正吧！

```
1  #include<iostream>              // 包含头文件
2  using namespace std;            // 命名空间
3  int main()                      // 主函数
4  {
5      cout<<hi<<endl;  ———————— ❶
6      cout<<你好<<endl; ———————— ❷
7  }
```

错误❶：________________ 错误❷：________________

3. 编程题

使用输出语句cout<<，在计算机屏幕上输出下面的图形。提示：可以使用多个输出语句完成。

```
*
**
***
****
```

1.2.2　了解程序结构

俗话说“不以规矩，不能成方圆”。同样，编写程序也要遵循一定的规则，每种语言都有其自身定义的规则。 C++语言也不例外，即使用C++语言编写一个很简单的程序，也要按照C++语言的规则、结构来编写，否则程序就不能运行。

项目名称　**让计算机做加法**

文件路径　第1章 \ 案例 \ 项目2　让计算机做加法.cpp

自从上了小学一年级，皮皮就学会了加法运算。皮皮学习了编程后，利用C++软件编写了一段程序，让计算机自动输出两个数(如4与3)的和，编译运行程序后，最终能得到结果吗?

项目准备

1. 提出问题

要使计算机做加法，在编写代码时，要思考如下问题。

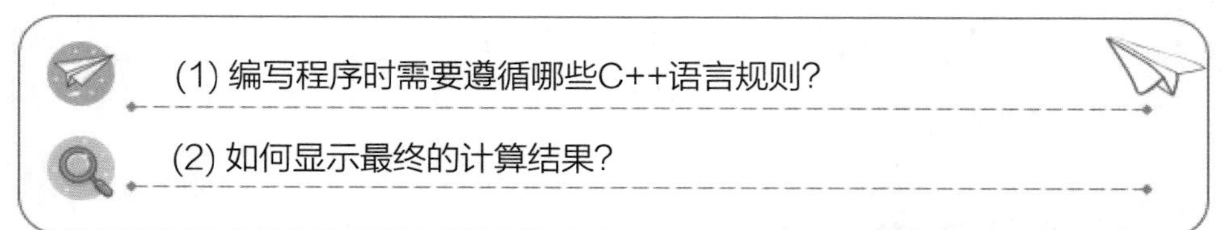

(1) 编写程序时需要遵循哪些C++语言规则?

(2) 如何显示最终的计算结果?

2. 相关知识

英汉词典

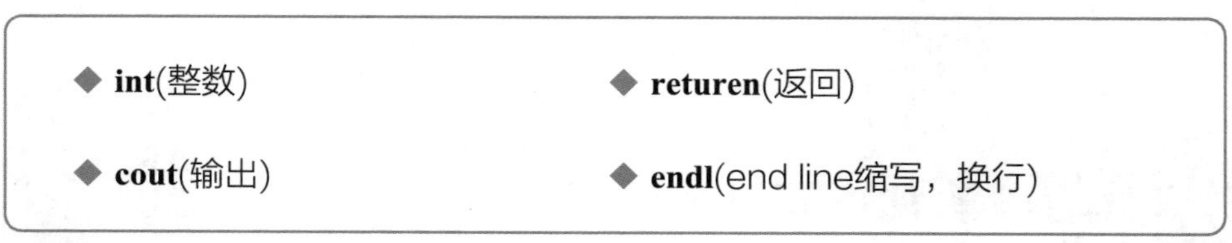

- **int**(整数)
- **returen**(返回)
- **cout**(输出)
- **endl**(end line缩写，换行)

程序结构

C++程序的基本结构由头文件、名字空间和主函数组成，同学们只做初步了解即可。

```
#include<iostream>         ← 头文件
using namespace std;       ← 名字空间
int main()                 ┐
{                          │
   cout<<"hello!"<<endl;   ├ 主函数
}                          ┘
```

♡ 头文件：在编写程序之前，程序的开头都要有头文件#include<iostream>，在编程时可直接在程序开头输入这句话。其中，#include是预处理命令，iostream是输入输出的头文件，因这类文件都放在程序的开头，所以称为头文件。

♡ 名字空间：名字空间又称命名空间，使用命名空间是为了解决多人同时编写程序时，名字产生冲突的问题。using namespace std表示程序采用的全部是std(标准)名字空间，std是英文单词standard(标准)的缩写。

♡ 主函数：主函数main()是所有C++程序的运行起始处。每个C++程序都必须有一个int main()，int在Dev-C++中可省略。main后面跟了一对圆括号( )，表示它是一个函数，圆括号内即使什么都没有，也不能省略。主函数main()中的内容，由一对花括号{ }括起来，{表示函数开始，}表示函数结束。

项目规划

1. 思路分析

仔细回想一下，我们小时候大脑在计算4+3的结果时，是否分为以下几个步骤。

(1) 用大脑记住左手的糖果数量4；

(2) 用大脑记住右手的糖果数量3；

(3) 大脑想象着将双手的糖果放到一起数，将两个数字相加；

(4) 得到并输出结果。

2. 算法设计

如果用计算机编程求和，必须将处理步骤编排好，用计算机能理解的语言编写“序列”，计算机才能自动识别并执行这个“序列”，达到求两个数的和的目的。因此，也要分为以下几个步骤。

a代表左手，b代表右手，c代表妈妈的大手。

第一步：先将糖果的数量4给左手a，即a=4。

第二步：再将糖果的数量3给右手b，即b=3。

第三步：将双手的糖果都放在妈妈的大手中，即将a+b的值赋给c，c=a+b。

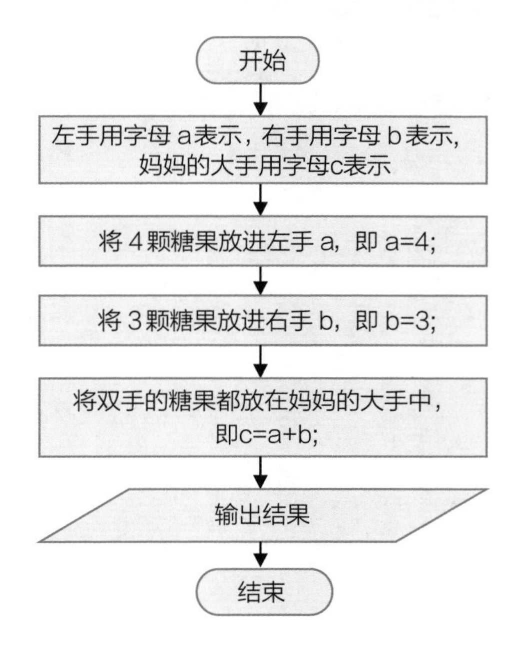

项目实施

1. 编程实现

项目2　让计算机做加法.cpp

```
1  #include <iostream>        // 包含头文件
2  using namespace std;       // 命名空间
3  int main()                 // 主函数
4  {
5      int a,b,c;             // 定义3个整型变量
6      a=4;                   // 把4赋值给变量a
7      b=3;                   // 把3赋值给变量b
8      c=a+b;                 // 把a+b的结果赋值给变量c
9      cout<<"c="<<c;         // 输出结果
10     return 0;              // 返回0
11 }
```

2. 调试运行

```
c=7
--------------------------------
Process exited after 0.9652 seconds with return value 0
请按任意键继续. . .
```

测一测　请修改程序，并将输出的结果填写在相应表格内。

序号	修改第6行语句	修改第7行语句	修改第8行语句	输出c的值
1	a=5;	b=15;		
2	a=10;	b=13;		
3			c=a-b;	

想一想　通过修改第8行代码，还可以计算出什么？请将你的想法写在下面的方框中。

项目支持

1. 算法

当我们遇到一个问题时，首先需要思考的是解决这个问题的方法和步骤，其实就是

算法。像前面一样，把解决问题的过程，用语言一步一步地列出来，然后再将算法的每一步通过C++编程语言来实现。

2. 流程图

使用程序流程图可将程序运行的具体步骤描述出来，让人一看就知道程序是如何组成的。流程图表达的过程，即是分析问题的过程。它由两部分组成，一是箭头，箭头代表程序的走向；二是图形，不同的图形有不同的含义，具体如下表。

图形	名称	功能
（圆角矩形）	起始/终止框	程序起始或终止的标志
（平行四边形）	输入/输出框	输入或输出数据
（矩形）	执行框	对程序的加工
（菱形）	判断框	对条件进行判断

项目提升

1. 程序解读

在该程序中“=”不是等于号，它叫赋值号，后文会有详细介绍，意思是把“=”右边的糖果数给“=”左边的手。

当程序执行第10行代码(return 0;)时，表示程序已经得到一个结果，无须再往下执行。

2. 注意事项

主函数中的每行语句都要以分号“;”结束。

项目拓展

1. 阅读程序写结果

阅读以下程序，在下面的横线上填写最终的运行结果。

```
1  #include<iostream>            // 包含头文件
2  using namespace std;         // 命名空间
3  int main()                   // 主函数
4  {
5      cout<<"3+2=";
6      cout<<5<<endl;
7  }
```

运行结果：________________

2. 改错题

下面这段程序代码是让计算机计算32-23的结果，其中有两处错误，快来改正吧！

```
1  #include<iostream>           // 包含头文件
2  using namespace std;         // 命名空间
3  int main()                   // 主函数
4  {
5      int a,b,c;               // 定义 3 个变量
6      a=32  ———————— ❶         // 将 32 赋值给变量a
7      b=23;                    // 将 23 赋值给变量b
8      c=a-b ———————— ❷         // 将 a-b 的值赋值给变量c
9      cout<<"c="<<c<<endl;     // 输出结果
10 }
```

错误❶：________ 错误❷：________

3. 编程题

如果要进行3个数相加的运算，该如何做呢？如编程计算5+3+1的和。

第 2 章

打牢基础

万丈高楼平地起，做任何事都要从基础做起，学习编程也不例外，也要从 C++ 语言的基础知识开始学起。

通过对第 1 章简单程序的体验，我们已经了解了程序的基本结构，但要编程解决更多问题，还需要学习 C++ 语言的基础知识。本章内容有常量与变量、运算符和表达式，以及常用的数据类型。让我们一起开始行动吧！

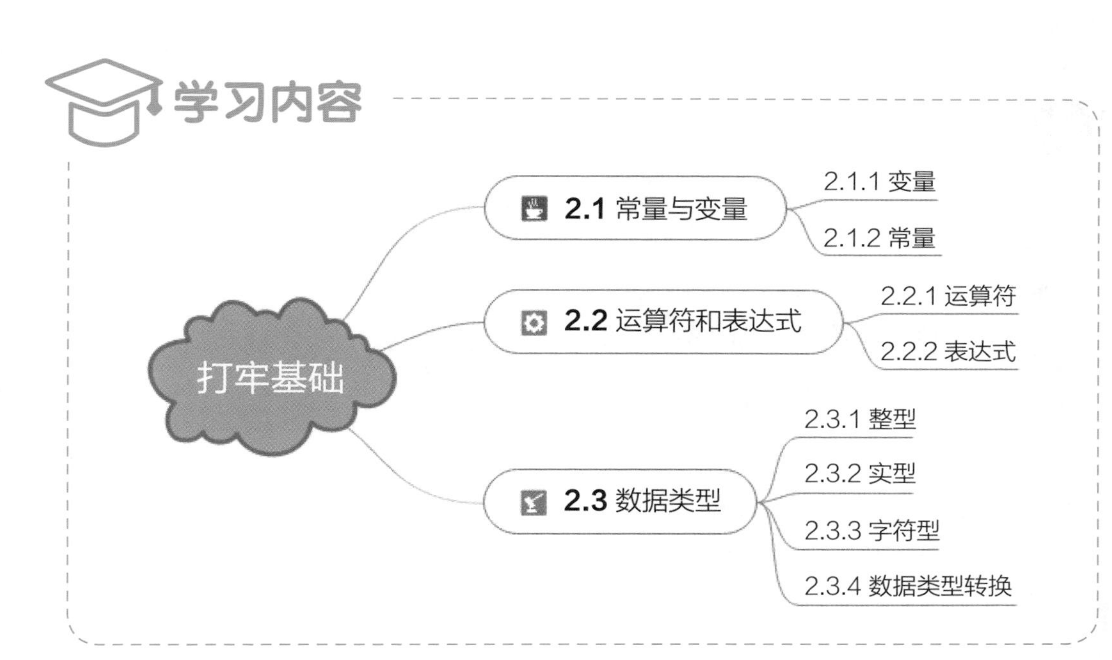

2.1 常量与变量

在编程时，有些量是会发生改变的，有些量是不变的。在程序中，发生改变的量称为变量；不变的量称为常量。

2.1.1 变量

变量就像一个仓库，代表了一个存储单元，在程序运行过程中，其值是可以改变的，因此称为变量。

项目名称 **球赛计分**

文件路径 第2章\案例\项目1 球赛计分.cpp

星星学校正在举行一场激烈的乒乓球比赛。比赛中，双方每得一分，裁判都会在记分牌上呈现两队当前的分数。上半场比赛结束后，天火队与王者队的得分分别为2分和5分，下半场比赛刚开始，王者队连续得了3分，此时场上比分为2：8。试编程记录两队的得分情况。

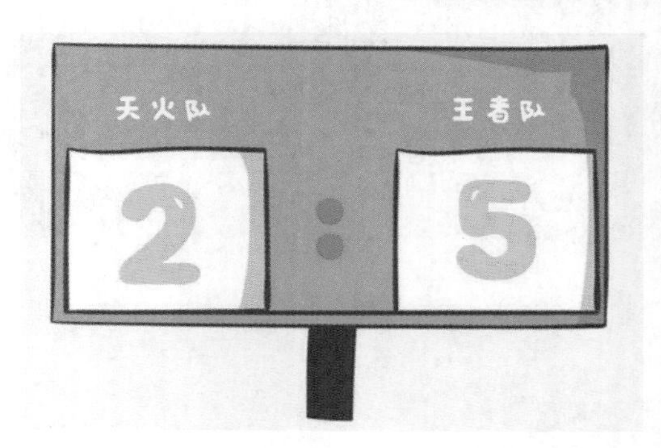

项目准备

1. 提出问题

要记录天火队与王者队的得分情况，首先要思考如下问题。

(1) 如何存放两队的得分？

(2) 如何更改得分情况？

2. 相关知识

在C++中定义一个变量的格式如下。

格式：数据类型 变量名1，变量名2，……，变量名n;

功能：在计算机内存中开辟n个，名为变量名1，变量名2，……，变量名n的指定数据类型空间。

例如“int a;”，表示在计算机内存中开辟一个数据类型为整型、变量名为a的空间。

常见的变量类型有整型(int)、实型(float)和字符型(char)等。变量必须先定义后使用，例如：

```
int i=5,j,k;                //定义i,j,k为整型变量
char a,b,c;                 //定义a,b,c为字符型变量
float x,y,z;                //定义x,y,z为实型变量
```

项目规划

1. 思路分析

我们可以定义两个整型变量a、b，用于存放天火队、王者队的得分，将上半场得分分别赋值给两个变量，再更改变量b的值，最后输出两队最终的得分。

2. 算法设计

第一步：定义a、b为整型变量。

第二步：给a、b赋值并输出，验证a、b的值。

第三步：再次给b重新赋一个新值，再输出，验证b的值是否改变。

项目实施

1. 编程实现

项目1　球赛计分.cpp

```
1  #include <iostream>
2  using namespace std;
3  int main()
4  {
5      int a,b;                    // 定义两个整型变量
6      a=2;                        // 将整数2存入变量a
7      b=5;                        // 将整数5存入变量b
8      cout<<"a="<<a<<" "
9          <<"b="<<b<<endl;        // 输出变量a、b的值
10     b=8;                        // 将整数8存入变量b
11     cout<<"a="<<a<<"
12         <<"b="<<b<<endl;
13 }
```

2. 调试运行

```
a=2  b=5
a=2  b=8
```

测一测　请修改程序，并将输出的结果填写在相应的表格内。

序号	修改第 10 行语句	输出 a 的值	输出 b 的值
1	a=5;	a=	b=
2	a=3; b=10;	a=	b=
3	b=5+3;	a=	b=

想一想　第10行语句是直接将得分赋值给变量b，但在实际计分时，往往会采用累加的方式，这时，程序第10行代码该如何修改呢？请将代码填写在下面的方框中。

项目支持

1. 变量的类型

变量的类型有整型(int)、实型(float)和字符型(char)等，也可以是用户自定义的各种类型。变量一经定义，系统就在计算机内存中为其分配一个存储空间。当在程序中使用到变量时，系统就在相应的内存中存入数据或取出数据，这种操作称为变量的访问。

2. 变量名

一个程序可能要使用到多个变量，为了区别不同的变量，必须给每个变量取一个名字，称为变量名。原则上变量名可以随便起，叫a、aa、a1都可以，但也要遵循一定的规则。C++语言变量的命名规则如下。

(1) 变量名中只能出现字母(a～z，A～Z)、数字(0～9)或下画线，如n、m2、rot_a等都是合法的变量名。

(2) 变量名中第一个字符不能是数字，不能含有其他符号，如m.jack、a<=b、9y等为不合法的变量名。

(3) 变量名不能是C++语言中的关键字，所谓关键字，即C++语言中已经定义好的有特殊含义的单词，如main、include等。

(4) 变量要“先定义后使用”，变量名大小写有区别，如A1和a1是两个不同的变量。建议变量名的长度不要超过8个字符。

项目提升

1. 程序解读

根据实际情况，第5行语句中用于存放两队得分的变量是整型，如果在第6行和第7行的赋值语句中，赋值的数据是小数，那么最终输出的仍是整数。如将第5～7行语句修改为以下代码。

```
5        int a,b;
6        a=2.0;
7        b=5.0;
```

运行程序后，结果如下。

```
a=2 b=5
a=2 b=8
```

2. 注意事项

第8行和第11行语句后不能有分号，表示语句还没结束，接着下一行语句继续输出，如果加上分号，应修改为以下代码。

```
8        cout<<"a="<<a<<" ";
9        cout<<"b="<<b<<endl;
```

项目拓展

1. 阅读程序写结果

阅读以下程序，在下面的横线上填写最终的运行结果。

```
1  #include<iostream>
2  using namespace std;
3  int main()
4  {
5     int a;              // 定义整型变量a
6     a=10;               // 将整数10存入a中
7     a=20;               // 将整数20存入a中
8     a=30;               // 将整数30存入a中
9     a=40;               // 将整数40存入a中
10    a=50;               // 将整数50存入a中
11    cout<<a<<endl;      // 输出a的值
12 }
```

运行结果：________________

2. 填空题

东方小学的操场，长120米，宽60米，下面的程序段用来求操场的面积。请把以下横线上空白处填写完整，使程序具有此功能。

```
1  #include<iostream>
2  using namespace std;
3  int main()
4  {
5       ____❶____ ;     // 定义3个变量，其中长为a，宽为b，s为面积
6       a=120;          // 操场的长为120米
7       ____❷____       // 操场的宽为60米
8       s=a*b;          // 计算操场的面积
9       cout<<s<<endl;
10 }
```

填空❶：________________　填空❷：________________

3. 编程题

将实数5.5存储到计算机内存变量a中，并输出。

2.1.2 常量

常量是指在程序中使用的一些具体的数、字符，在程序运行过程中，其值不能被改变。如10、1.2、'A'等。符号常量就是给常量取个名字，用标识符代表它。

项目名称　**自由落体实验**

文件路径　第2章\案例\项目2　自由落体实验.cpp

伽利略手持两个不同重量的铁球登上比萨斜塔，进行了一个神奇的铁球落地时间实验。经过多次实验，他发现：即使铁球重量不同，只要同时松开，一定会同时落地。

由此，他得出了自由落体定律：物体自由下落时，物体下落的速度与时间成正比。物体下落的速度与物体的重量无关，与物体的质量也无关。速度随时间变化的规律为：v=gt。

其中g指重力加速度，表示一个常数，g=9.78米/秒^2。

假设铁球从斜塔落到地面需要10秒，试编程求出铁球落地时的速度。

项目准备

1. 提出问题

要计算铁球落地时的速度，首先要思考如下问题。

(1) 在计算的过程中，需要几个存储空间？它们之间有区别吗？

(2) 如何将速度公式转化为算术表达式？

2. 相关知识

使用符号常量更方便程序的修改，增强程序的可读性。习惯上，符号常量名用大写字母表示，变量名用小写字母表示，以便于区别。

格式1：const 类型说明符 常量名；
　　如 const int X=2 表示定义常量X为2。
格式2：#define 符号常量 常量
　　如#define PI 3.14 表示定义PI为3.14。

项目规划

1. 思路分析

在求最终速度时，重力加速度g是一个常数，对于常数可以定义一个常量来存储，如将程序中的g定义为Gl，代表常量9.78，在编译源程序时，遇到Gl就用常量9.78代替，Gl可以和常量一样进行运算。

2. 算法设计

第一步：输入时间t。
第二步：根据速度计算公式v=GI*t，计算出落地速度v。
第三步：输出速度v。

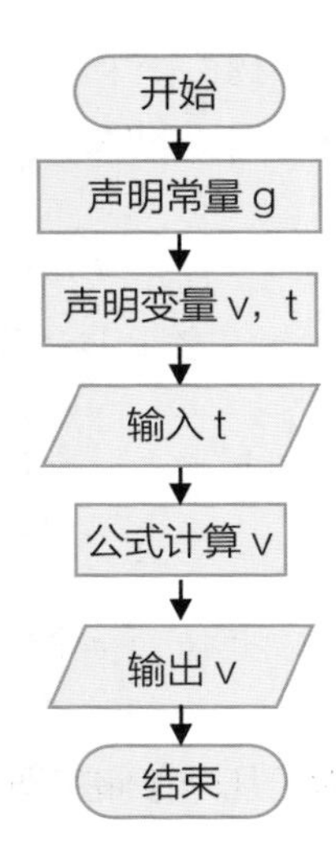

项目实施

1. 编程实现

项目2　自由落体实验.cpp

```
1  #include <iostream>
2  using namespace std;
3  const float GI=9.78; // 定义常量GI
4  int main()
5  {
6      float v,t;          // 定义两个浮点型变量
7      t=10;               // 将数据10存入变量t
8      v=GI*t;             // 利用公式计算速度v
9      cout<<"铁球落地速度为"<<v<<"米/秒";
10 }
```

2. 调试运行

```
铁球落地速度为97.8米/秒
--------------------------------
Process exited after 0.4684 seconds with return value 0
请按任意键继续. . .
```

测一测　请修改程序，并将输出的结果填写在相应的表格内。

序号	修改第 3 行语句	修改第 7 行语句	输出 v 的值
1	GI=9.832;		
2	GI=10;		
3		t=6;	

说一说 在编写程序的过程中，使用符号常量有哪些好处？

写一写 第3行语句是使用关键词const定义的常量，如果使用关键词define来定义常量，该如何编写代码呢？请写在下面的方框中。

项目支持

1. 常量的类型

常量包括整型常量、实型常量和字符常量等。其中，表示整数的常量称为整型常量，如3、-5、0等；表示实数的常量称为实型常量，如3.1、4.5等；用单引号引起来的字符称为字符常量，如 'k' 、'5' 、'%'等。但'a'表示一个字符常量，"a"表示一个字符串，两者含义不同。

2. 常量的优势

(1) 修改方便

无论程序中出现多少次定义的常量，只要在定义语句中对定义的常量值进行一次修改，就可以全改。

(2) 可读性强

常量常具有明确的含义，如上述程序中定义的GI，一看到GI就会想到重力加速度。

项目提升

1. 程序解读

第3行语句定义常量需要使用关键词const，并声明常量GI的类型为浮点数据类型(float)。第8行语句是把速度公式表达为C++语言的算术表达式，乘号“*”不能省略。

2. 注意事项

程序中定义常量时，一般采用大写字母。由于C++语言区分大小写，所以编写程序时，请注意及时切换大小写。

项目拓展

1. 改错题

下面的程序段用来计算圆的面积，其中标出的地方有错误，快来改正吧！

```
1  #include <iostream>
2  using namespace std;
3  #define  PI=3.14;  ——————❶
4  int main()
5  {
6      double s,r,PI;  ——————❷
7      cin>>r;
8      s=r*r*PI;
9      cout<<"s="<<s;
10     return 0;
11 }
```

错误❶：________ 错误❷：________

2. 填空题

下面的程序段用来计算液体压强，已知压强p=ρgh(ρ为液体密度，g=9.8N/kg)。请把以下横线上空白处填写完整，使程序具有此功能。

```
1  #include <iostream>
2  using namespace std;
3  const  float G=9.8;  // 定义常量G
4  int main()
5  {
6      _____❶_____        // 定义3个变量：压强、密度与高度
7      cin>>ro>>h;
8      _____❷_____        // 计算压强
9      cout<<"压强p="<<p;
10     return 0;
11 }
```

填空❶：________ 填空❷：________

3. 编程题

牛顿看到苹果从树上掉下来，觉得很奇怪。为了弄明白这个问题，他反复观察，专心研究，终于发现了苹果落地的秘密：原来苹果落地是受到地球的吸引而产生重力的结果，这个力的施力物体是地球，物体所受的这个力的大小跟它的质量成正比，公式为G=mg，其中g是一个定值，大小为9.8N/kg，其物理意义是1kg的物体受到的重力为9.8N。试编程实现，输入苹果的重量m，输出苹果所受的重力。

2.2 运算符和表达式

数学中有加、减、乘、除算术运算以及算术运算符。C++中也有丰富的算术运算符，例如+、-、*、/、%等都是算术运算符。将常量、变量、算术运算符、括号以及函数连接在一起的表达式，称为算术表达式。表达式的计算结果称为表达式的值。

2.2.1 运算符

C++中的算术运算符，用于各类数值运算，除了加(+)、减(-)、乘(*)、除(/)4种，还包括求余(%)、自增(++)和自减(--)，共7种。

项目名称 统计歌手投票

文件路径 第2章 \ 案例\ 项目3 统计歌手投票.cpp

星涂学校正在举行歌唱比赛，歌手歌唱完毕，评委会进行现场投票。每当有一位评委投票，歌手的得票数就会增加1票。试编程计算歌手的得票数。

项目准备

1. 提出问题

要实现程序功能，需要一个具有计算功能的变量来充当计数器的功能，因此，编写程序前，首先要思考如下问题。

(1) 如何定义计数器?

(2) 如何记录计数器的变化?

2. 相关知识

C++中的运算符和表达式，与数学中使用的运算符号和算式不太一样，需要同学们先对其进行了解和掌握。

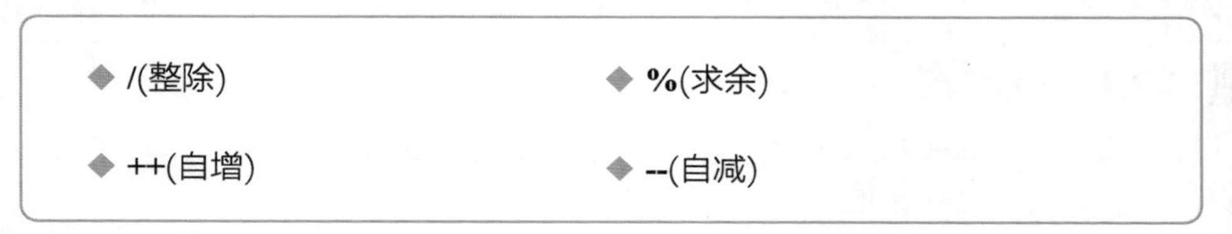
◆ /(整除)　　◆ %(求余)

◆ ++(自增)　　◆ --(自减)

项目规划

1. 思路分析

当没有评委投票时，用i=0表示；每当有一位评委投票，歌手的得票数就会增加一票。每运行一次语句“i=i+1;”，i的值就增加1，这样变量i可以起到统计次数的作用，相当于计数器。

2. 算法设计

i的初始值为0，每运行一次语句“i=i+1;”，变量i就会增加1。假设有4位评委进行投票，则连续运行4次，程序运行过程如下所示。

运行语句	运行过程	运行后 i 的值
i=0; ………………………	i←0	0
i=i+1; ………………………	i←0+1	1
i=i+1; ………………………	i←1+1	2
i=i+1; ………………………	i←2+1	3
i=i+1; ………………………	i←3+1	4

项目实施

1. 编程实现

项目3　统计歌手投票.cpp

```
1  #include <iostream>
2  using namespace std;
3  int main()
4  {
5      int i;              // 定义 i 为整型变量
6      i=0;                // i 的初始值为 0
7      i=i+1;              // 评委 1 投给歌手一票
8      cout<<i<<endl;      // 输出评委 1 投票后的票数
9      i=i+1;              // 评委 2 也投给歌手一票
10     cout<<i<<endl;      // 输出评委 2 投票后的票数
11     i=i+1;              // 评委 3 继续投给歌手一票
12     cout<<i<<endl;      // 输出评委 3 投票后的票数
13     i=i+1;              // 评委 4 继续投给歌手一票
14     cout<<i;            // 输出评委 4 投票后的票数
15     return 0;
16 }
```

2. 调试运行

测一测　请修改程序，并将输出的结果填写在相应的表格内。

序号	修改第 7 行语句	修改第 13 行语句	执行结果
1	i=i+2;		
2	i++;		
3		i++;	

想一想　假设评委手中共有10票，当4位评委都投给该歌手时，该如何修改代码，计算出该歌手的最终得票情况呢？请写在下面的方框中。

项目支持

1. 自增运算符

自增运算符用来对一个运算数进行加1运算，其结果仍然赋予该运算数，而且参加运算的运算数必须是变量，而不能是常量或表达式。例如，x++表示在使用x之后，使x的值加1，即x=x+1；++x表示在使用x之前，先使x的值加1，即x=x+1。

2. 自减运算符

自减运算符用来对一个运算数进行减1运算，其结果仍然赋予该运算数。例如，x--表示在使用x之后，使x的值减1，即x=x-1；--x表示在使用x之前，先使x的值减1，即x=x-1。

项目提升

1. 程序解读

语句“i=i+1;”使变量i加1，然后再将其赋值给i，当程序运行到“cout<<i<<endl;”时，就会在屏幕上输出i的值。

2. 注意事项

可以将变量i当作一个计数器，程序每运行一次“i=i+1”，变量i的值就会发生一次改变。

项目拓展

1. 改错题

下面的程序段中标出的地方有错误，快来改正吧！

```
1  #include <iostream>
2  using namespace std;
3  int main()
4  {
5      int i,          ——❶
6      i=5;
7      i--             ——❷
8      i--;
9      cout<<i;
10     return 0;
11 }
```

错误❶：__________ 错误❷：__________

2. 阅读程序写结果

阅读以下程序段，在下面的横线上填写最终的运行结果。

```
1  #include <iostream>
2  using namespace std;
3  int main()
4  {
5      int i;        // 声明变量
6      i=0;          // 初始化 i 的值
7      i=i+2;        // i 增加 2
8      i=i+2;        // i 增加 2
9      i--;          // i 自减 1
10     cout<<i;
11     return 0;
12 }
```

运行结果：________________

3. 编程题

皮皮作为一个编程爱好者，每天完成作业后，都会上机做一个小时的编程题。试编写一个程序，算一算连续一周后，皮皮一共坚持做了多长时间的题？

2.2.2　表达式

表达式由数据、变量、运算符、数学函数和括号等组成。在编程时，表达式需要用C++语言能够接受的运算符和数学函数表示。

项目名称　**燃烧卡路里**

文件路径　第2章\案例\项目4　燃烧卡路里.cpp

走路是一种需要终身坚持的锻炼方式，它可以消耗一定的热量值。一般情况下，走一步可以消耗0.04卡路里，假设明明一天走了9800步，试编程计算出他走路消耗的热量值。

项目准备

1. 提出问题

要计算明明消耗的热量值，首先要思考如下问题。

(1) 用数学方法该如何计算热量值?

(2) 在C++中如何描述该算术表达式?

2. 相关知识

算术表达式

用算术运算符和小括号将运算对象连接起来的式子，称为算术表达式。例如，a*b/c-(1.5+3)。

算术表达式运算顺序

在对表达式求值时，先按运算符的优先级别以高低次序执行，如先乘除后加减，有小括号先算小括号内的。 相同级别的算术运算符的运算顺序为“自左至右”，即先左后右。

项目规划

1. 思路分析

要计算最终消耗的热量值，首先需要定义一个变量用于存放行走的步数，然后再定义一个变量用于存放最终的结果并输出。

2. 算法设计

第一步：定义变量m用于存放行走的步数9800。
第二步：利用热量公式r=m*25，计算出消耗的热量值。
第三步：输出热量值r。

项目实施

1. 编程实现

项目4　燃烧卡路里.cpp

```
 1  #include <iostream>
 2  using namespace std;
 3  int main()
 4  {
 5      int m,r=0;            // 定义变量m、r存放步数与热量，并赋初值
 6      m=9800;               // 确定行走步数
 7      r=m*0.04;             // 计算卡路里
 8      cout<<"消耗热量="<<r<<"卡";   // 输出热量值
 9      return 0;
10  }
```

2. 调试运行

```
消耗热量=392卡
--------------------------------
Process exited after 0.7648 seconds with return value 0
请按任意键继续. . .
```

测一测　请修改程序，并将输出的结果填写在相应的表格内。

序号	修改第 6 行语句	修改第 7 行语句	输出 r 的值
1	m=10000;		
2	m=15000;		
3		r=m*0.05;	

想一想　假设明明今天不仅走了9800步，他还通过打30分钟壁球消耗了450千卡的热量，要计算出他今天消耗的卡路里总量，应该怎么算呢？请将计算的代码写在下面的方框中。

项目支持

1. 乘法运算符

在C++语言中，乘法运算符的乘号是“*”，而不是数学中的“×”。

2. 除法运算符

在C++语言中，除法运算符的符号是“/”，而不是数学中的“÷”。除法运算符还有一些特殊之处，即如果a、b是两个整数类型的变量或常量，那么a/b的值是a除以b的商。例如，5/2的值是2，不是2.5，而5.0/2或5/2.0的值是2.5。

3. 求余运算符

求余的运算符“%”也称为模运算符，“%”两侧应均为整型数。a%b的值就是a除以b的余数，如5%2余数为1，2%5余数为2。

项目提升

1. 程序解读

第5行语句定义存放热量的变量r一定要赋初值为0；第7行语句中的乘号是“*”，不能写成“×”。

2. 注意事项

程序中为变量初始化时，可以在声明变量时直接赋值，也可以另起一行赋值。

项目拓展

1. 改错题

下面的程序段用来交换两位数上的十位与个位上的数字，并输出。其中标出的地方有错误，快来改正吧！

```
1  #include <iostream>
2  using namespace std;
3  int main()
4  {
5      int n,g,s;              // 定义3个整型变量
6      n=35;                   // 初始化两位数数值
7      s=n\10; ———— ❶          // 取十位上的数字
8      g=n%10;                 // 取个位上的数字
9      n=g× 10+s; ———— ❷       // 计算新的两位数
10     cout<<n<<endl;          // 输出新的两位数
11     return 0;
12 }
```

错误❶：________ 错误❷：________

2. 填空题

已知a=6.5、b=5.8、c=9.5，编程求表达式f=(-b+4ac)/2b的值。请把以下横线上空白处填写完整，使程序具有此功能。

```
1  #include <iostream>
2  using namespace std;
3  int main()
4  {
5      float a,b,c,f;          // 定义4个实型变量
6      a=6.5:                  // 给变量a赋值
7      ____❶____              // 给变量b赋值
8      c=9.5:                  // 给变量c赋值
9      f= ____❷____ ;         // 求f的值
10     cout<<f<<endl;          // 输出f的值
11     return 0;
12 }
```

填空❶：________ 填空❷：________

3. 编程题

一块长方形的菜地，长6米，宽3米，如果一面靠墙，将其他三面加上篱笆，则至少要多少米？试编程计算结果。

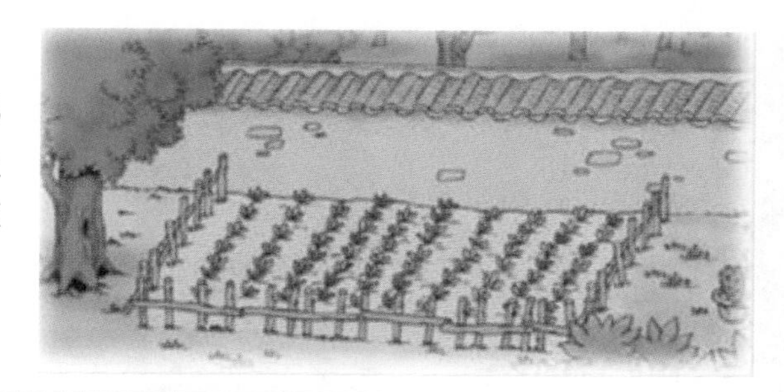

2.3 数据类型

前面我们使用了int(整型)、float(实型)数据，C++语言究竟还有多少种数据类型呢？其实，C++语言的数据类型非常丰富，本节将学习几种基本的数据类型：整型、实型、字符型等，它们都是由系统定义的简单数据类型，又称为标准数据类型。

2.3.1 整型

在C++语言中，整型的类型标识符有 int、long long等。在定义整型变量时，要根据数据的大小，选择整型的类型。

项目名称 一对孪生兄弟

文件路径 第2章 \ 案例 \ 项目5 一对孪生兄弟.cpp

小a和小b是一对孪生兄弟，小a的身高为125米，而小b的身高却有241748364856789米，两个兄弟无论如何都无法生活在一个房间里，你能编程输出他们的身高吗？

1. 提出问题

要输出孪生兄弟的身高，首先要思考如下问题。

(1) 可以将两兄弟的身高存放在一个变量中吗？

(2) 存放两兄弟身高的变量有何不同？

2. 相关知识

C++语言规定在程序中所有用到的变量都必须在程序中定义，即“先定义后使用”。

定义整型

格式：int a;

功能：在计算机内存中，开辟一个变量名为a，数据类型为整型的空间，允许存放在a中的数据为$-2^{31}\sim2^{31}-1$范围的整数。

定义超长整型

格式：long long a;

功能：在计算机内存中，开辟一个变量名为a，数据类型为超长整型的空间，允许存放在a中的数据为$-2^{63}\sim2^{63}-1$范围的整数。

项目规划

1. 思路分析

由于两个兄弟的个头相差很大，在定义变量时，显然不可能定义同一个数据类型，需要考虑在计算机内存中开辟的空间大小。对于小a来说，如果开辟一个很大的空间，显然是浪费，他根本用不了；对于小b来说，如果和小a开辟一个相同的空间，显然又住不下。

2. 算法设计

通过上面的分析，到底应该依据什么决定开辟空间的大小呢？自然依据不同的数据类型，如int a和long long b，系统会依据不同的数据类型，给变量开辟对应大小的存储空间来存放数据。

项目实施

1. 编程实现

项目5　一对孪生兄弟.cpp

```
1  #include<iostream>
2  using namespace std;
3  int main()
4  {
5     int a;                   // 定义整型变量a
6     long long b;             // 定义超长整型变量b
7     a=125;                   // 给变量a赋值
8     cout<<a<<endl;           // 输出a的值
9     b=241748364856789;       // 给变量b赋值
10    cout<<b<<endl;           // 输出b的值
11 }
```

2. 调试运行

```
125
241748364856789
```

测一测 请修改程序，并将输出的结果填写在相应的表格内。

序号	修改第 5 行语句	修改第 6 行语句	修改第 7 行语句	执行结果
1	long long a;			
2			a=123565458;	
3		long b;		

议一议 如果将变量b也定义为整型(int)，输出b数据，程序会不会出错？为什么？请将讨论的结果记录在下面的方框中。

项目支持

1. 整型常量

在C++语言中，整型常量即整常数，包括正整数、负整数和0。可用以下3种形式表示。

十进制整数 如123、-10等。

八进制整数 以0开头的数是八进制数。例如，0123表示八进制数123，等于十进制数83；-011表示八进制数-11，即十进制数-9。

十六进制整数 以0x开头的数是十六进制数。例如，0x123表示十六进制数123，等于十进制数291；-0x12表示十六进制数-12，即十进制数-18。

2. 整型变量

在C++语言中，常用的整型变量有短整型(short)、整型(int)、长整型(long)和超长整型(long long)。

数据类型	名称	占字节数	数据范围
短整型	short	2(16位)	$-2^{15}\sim2^{15}-1$
整型	int	4(32位)	$-2^{31}\sim2^{31}-1$
长整型	long	4(32位)	$-2^{31}\sim2^{31}-1$
超长整型	long long	8(64位)	$-2^{63}\sim2^{63}-1$

项目提升

1. 程序解读

在本程序中，变量定义int a 和long long b在计算机内存中开辟的空间不同，int a开辟的空间占4字节，允许存放在a中的数据为$-2^{31}\sim2^{31}-1$范围的整数。long long b开辟的空间占8字节，允许存放在b中的数据为$-2^{63}\sim2^{63}-1$范围的整数。

2. 注意事项

在定义超长整型变量b时，所用到的变量名称的中间一定要加空格，需要写成long long，这样才能正常输出结果。

项目拓展

1. 阅读程序写结果

阅读以下程序段，在下面的横线上填写最终的运行结果。

```
1  #include <iostream>
2  using namespace std;
3  int main()
4  {
5      int a;
6      a=2147483647;
7      a=a+1;
8      cout<<"a="<<a;
9      return 0;
10 }
```

运行结果：________________

2. 改错题

下面的程序段中标出的地方有错误，快来改正吧！

```
1  #include <iostream>
2  using namespace std;
3  int main()
4  {
5      int m;  ———————— ❶
6      long long k;  ———————— ❷
7      m=123564868;
8      cout<<m<<endl;
9      k=3564;
10     cout<<b<<endl;
11 }
```

错误❶：________________　　错误❷：________________

3. 编程题

在印度有一个古老的传说：舍罕王打算奖赏国际象棋的发明人——宰相西萨·班·达依尔。国王问他想要什么，他对国王说："陛下，请您在这张棋盘的第1个小格里赏给我1粒米，在第2个小格里赏2粒，在第3小格里赏4粒，以后每一小格都比前一小格加一倍。请您把这样摆满棋盘上所有的64格的米粒，都赏给您的仆人吧！"国王觉得这个要求太容易满足了，就同意给他这些米粒。当人们把一袋一袋的大米搬来开始计数时，国王才发现：就是把全印度甚至全世界的米粒都拿来，也满足不了那位宰相的要求。试编程输出第6个小格里摆放的米粒数。

棋盘摆米

2^{56}	2^{57}	2^{58}	2^{59}	2^{60}	2^{61}	2^{62}	2^{63}
2^{48}	2^{49}	2^{50}	2^{51}	2^{52}	2^{53}	2^{54}	2^{55}
2^{40}	2^{41}	2^{42}	2^{43}	2^{44}	2^{45}	2^{46}	2^{47}
2^{32}	2^{33}	2^{34}	2^{35}	2^{36}	2^{37}	2^{38}	2^{39}
2^{24}	2^{25}	2^{26}	2^{27}	2^{28}	2^{29}	2^{30}	2^{31}
2^{16}	2^{17}	2^{18}	2^{19}	2^{20}	2^{21}	2^{22}	2^{23}
2^{8}	2^{9}	2^{10}	2^{11}	2^{12}	2^{13}	2^{14}	2^{15}
1	2	2^{2}	2^{3}	2^{4}	2^{5}	2^{6}	2^{7}

2.3.2 实型

在C++语言中，实型的类型标识符有 float、double、long double等。在定义实型变量时，要根据数据的大小，选择实型的类型。

项目名称 **国王的奖励**

文件路径 第2章\案例\项目6 国王的奖励.cpp

小不点的体重只有1.25克，但它非常勤奋，从不会因为体型瘦小而偷懒，国王被它的勤奋所感动，奖励给小不点一颗可以迅速长大的果实，小不点吃了之后，迅速长大，体重一下达到了241748364856789123456781234567891234123.5克。试编程实现，将小不点长大前后的体重存储到计算机内存中，并输出。

项目准备

1. 提出问题

要输出小不点长大前后的身高，首先要思考如下问题。

(1) 如何定义两个大小差距较大的实数?

(2) 如何输入两个不同范围的实数?

2. 相关知识

定义单精度浮点型

格式：float a;

功能：在计算机内存中，开辟一个变量名为a，数据类型为单精度的实型空间，该实型占4字节，允许存放在a中的数据为$-3.4\times10^{38}\sim3.4\times10^{38}$范围的实数。

定义双精度浮点型

格式：double a;

功能：在计算机内存中，开辟一个变量名为a，数据类型为双精度的实型空间，该实型占8字节，允许存放在a中的数据为$-1.79\times10^{308}\sim1.79\times10^{308}$范围的实数。

项目规划

1. 思路分析

由于这两个数据都是实数，a数据是一个很小的实数，定义为float类型即可。但如果b数据再定义为float类型，就可能会出错，为避免出错，建议定义为double类型。

2. 算法设计

根据数据的大小，分别定义为float a和double b，系统会依据变量的类型，给变量开辟对应大小的存储空间来存放数据。

项目实施

1. 编程实现

项目6　国王的奖励.cpp

```
1  #include <iostream>
2  using namespace std;
3  int main()
4  {
5      float  a;            // 定义单精度浮点型变量a
6      double b;            // 定义双精度浮点型变量b
7      a=1.25;              // 给变量a赋值
8      cout<<a<<endl;
9      b=241748364856789123456781234567891234123.5;
10     cout<<b<<endl;
11 }
```

2. 调试运行

```
1.25
2.41748e+039
```

测一测　请修改程序，并将输出的结果填写在相应的表格内。

序号	修改第 5 行语句	修改第 7 行语句	修改第 9 行语句	执行结果
1	int a;			
2		a=2.0635;		
3			b=4351678746.8;	

议一议　将变量b也定义为float类型，运行后观察b数据有没有出错，为什么？请将讨论的结果记录在下面的方框中。

项目支持

1. 实型常量

在C++语言中，实型常量包括正实数、负实数和零。实型常量可用以下两种形式表示。

小数形式　小数形式是由数字和小数点组成的一种实数表示形式，例如35.61、8.0、-6.5等都是合法的实型常量。

指数形式　这种形式类似数学中的指数形式。在数学中，一个数可以用幂的形式来表示，例如2.3026可以表示为0.23026×10^{1}、23.026×10^{-1}等形式。在C++语言中，则以“e”或“E”后跟一个整数来表示以10为底数的幂数。例如2.3026可以表示为0.23026E01、23.026e-1。

2. 实型变量

在C++语言中，常用的实型变量有单精度实型(float)、双精度实型(double)和长双精度实型(long dobule)三类。

数据类型	名称	占字节数	数据范围
单精度实型	float	4(32位)	$-3.4\times10^{38}\sim3.4\times10^{38}$
双精度实型	double	8(64位)	$-1.79\times10^{308}\sim1.79\times10^{308}$
长双精度实型	long double	16(128位)	$-3.4\times10^{4932}\sim3.4\times10^{4932}$

项目提升

1. 程序解读

在本程序中，变量定义float a和double b在计算机内存中开辟的空间相差很大，float a开辟的空间占4字节，允许存放在a中的数据为$-3.4\times10^{38}\sim3.4\times10^{38}$范围的实数。double开辟的空间占8字节，允许存放在b中的数据为$-1.79\times10^{308}\sim1.79\times10^{308}$范围的实数。

2. 注意事项

由运行结果可知，b=2.41748e+039用科学记数法表示，可写成2.41748×10^{39}，显然超出了$-3.4\times10^{38}\sim3.4\times10^{38}$的范围。

项目拓展

1. 阅读程序写结果

阅读以下程序段，在下面的横线上填写最终的运行结果。

```
1  #include <iostream>
2  using namespace std;
3  int main()
4  {
5      float  a;
6      a=25356.235645;
7      cout<<a<<endl;
8  }
```

运行结果：________________

2. 改错题

下面的程序段用来输出变量a的值，其中标出的地方有错误，快来改正吧！

```
1  #include <iostream>
2  using namespace std;
3  int main()
4  {
5      float  a;  ——————————— ❶
6      a=125356558365487485887984567564567879879.2358;
7      cout<<"a"<<endl;  ——————— ❷
8  }
```

错误❶：________________ 错误❷：________________

3. 编程题

已知a=6.5、b=5.8、c=9.5，编程求表达式f=(-b+4ac)/2b的值。

2.3.3 字符型

在C++语言中，字符型数据只包含一个字符(有且只有一个字符)，用一对单引号引起来，如'a'、'2'、'+'等。

项目名称 **秘密符号**

文件路径 第2章\案例\项目7 秘密符号.cpp

魔法城堡里，魔法师之间的通信曾经使用过这样一种加密术：当其得到一组数字时会自动将它翻译成字母。请编写一个程序，当得到“65”时，加密后输出“A”。

项目准备

1. 提出问题

要输出秘密符号，首先要思考如下问题。

(1) 如何定义字符型变量？

(2) 字母与数字之间有什么关系？

2. 相关知识

定义字符型

格式：char a;

功能：在计算机内存中，开辟一个变量名为a，数据类型为字符型的空间，该字符型的空间占1字节，允许存放在a中的数据编码为-128～127范围对应的字符。

ASCII码

在C++语言中，所有字符采用的都是ASCII码(美国标准信息交换代码)。ASCII码使用指定的7位二进制数组合来表示128种可能的字符。

ASCII 码值	字符	ASCII 码值	字符	ASCII 码值	字符	ASCII 码值	字符
32	空格	48	0	65	A	97	a
33	!	49	1	66	B	98	b
34	”	50	2	67	C	99	c
35	#	51	3	68	D	100	d
36	$	52	4	69	E	101	e
37	%	53	5	70	F	102	f
47	/	57	9	90	Z	122	z

项目规划

1. 思路分析

由ASCII码表可知，字符A的ASCII码值是65，字符a的ASCII码值是97，只要定义变量为字符类型，就可以在输出时实现转换。

2. 算法设计

根据字符的类型，首先要声明变量，然后为变量赋初值，最后输出，请根据以上提示，完善右侧的流程图。

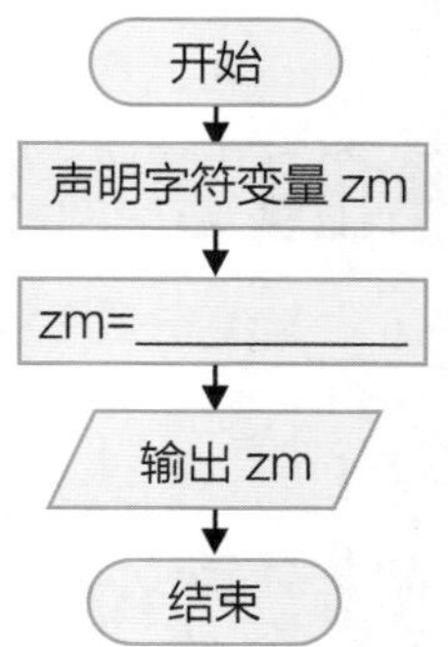

项目实施

1. 编程实现

项目7　秘密符号. cpp

```
1  #include <iostream>
2  using namespace std;
3  int main()
4  {
5      char a;             // 定义字符型变量 a
6      a=65;               // 给变量 a 赋值
7      cout<<a<<endl;      // 输出计算结果
8  }
```

2. 调试运行

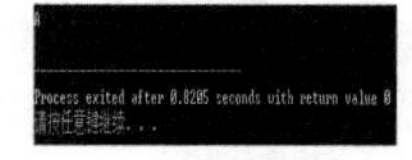

测一测　请修改程序，并将输出的结果填写在相应的表格内。

序号	修改第 6 行语句	执行结果
1	a=68;	
2	a=97;	
3	a=100;	

试一试　对字符变量a赋初值时，也可以直接赋字符，如果将第6行语句修改为“a='A'”，输出结果会发生改变吗？如果改为其他字符输出结果又会怎样？你能得出什么结论呢？请将你得到的结论记录在下面的方框中。

项目支持

1. 字符型常量

在C++语言中，字符型常量有以下两种表示形式。

转义字符表示形式　以“\”开头的特殊字符称为转义字符。

转义字符	含义	转义字符	含义
\n	换行	\r	回车
\t	横向跳格	\\	反斜杠
\ddd	表示1～3位八进制数字	\xhh	表示1～2位十六进制数字

普通表示形式　字符常量由单个字符组成，所有字符都采用ASCII码。ASCII码共有128个字符。在程序中，通常用一对单引号将单个字符引起来表示一个字符常量，如'a'、'A'、'0'。其中，字符'a'的ASCII码值是97，字符'A'的ASCII码值是65，字符'0'的ASCII码值是48。

2. 字符型变量

在C++语言中，字符型变量只有一种类型，即为char型。

数据类型	名称	占字节数	数据范围
字符型	char	1	0～255

项目提升

1. 程序解读

在本程序中，定义变量char a用于开辟一个字符型的空间。将一个字符存放到内存单元中时，实际上并不是把该字符本身存放到内存单元中去，而是将该字符对应的ASCII码值放到内存单元中。

2. 注意事项

在C++语言中，字符型数据和整型数据之间可以通用。一个字符常量可以赋给一个整型变量；反之，一个整型常量也可以赋给一个字符变量。但给字符变量赋字符初值时，一定不要忘了加单引号，如a='A'。

项目拓展

1. 阅读程序写结果

阅读以下程序段，在下面的横线上填写最终的运行结果。

```
1  #include <iostream>
2  using namespace std;
3  int main()
4  {
5      char c1;            // 定义字符型变量c1
6      c1='a';             // 为c1变量赋初值
7      c1=c1-32;           // ASCII码值计算
8      cout<<c1<<endl;     // 输出结果
9  }
```

运行结果：________________

2. 改错题

下面的程序段中标出的地方有错误，快来改正吧！

```
1  #include <iostream>
2  using namespace std;
3  int main()
4  {
5      char c1,c2;
6      c1=a; ———————————————— ❶
7      c2='100'; ————————————— ❷
8      cout<<c1<<endl<<c2;
9  }
```

错误❶：________________　　错误❷：________________

3. 编程题

远古时代，魔法师之间的通信曾经使用过这样一种加密术：信中的每个字母，都用它后面的第t个字母代替。例如当t=4时，“China”加密的规则是用原来字母后面第4个字母代替原来的字母，如字母“A”后面第4个字母是“E”，则用“E”代替“A”。因此，“China”应译为“Glmre”。请编写一个程序输入“C”，加密后输出“G”。

2.3.4 数据类型转换

在C++语言中，数据类型转换是指将数据从一种类型转换为另一种类型，或将一个表达式的结果转换成期望的类型。数据类型转换有自动类型转换和强制类型转换两种。

项目名称 **计算三角形面积**

文件路径 第2章 \ 案例 \ 项目8 计算三角形面积.cpp

古埃及国王拥有至高无上的权力，他们为自己修建了巨大的陵墓，因其外形像汉字的“金”字，被后人称为金字塔。金字塔的侧面由4个大小相等的等腰三角形构成。

试编写一个程序，输入三角形的底23和高31，输出三角形的面积。

项目准备

1. 提出问题

要计算三角形面积，首先要思考如下问题。

(1) 用于存放三角形底和高的变量与存放面积的变量有何不同?

(2) 如何计算等腰三角形面积?

2. 相关知识

当不能实现自动类型转换时，需要进行强制类型转换。强制类型转换的格式如下。

格式：(类型名)变量或(表达式)

功能：如(double)a是将a转换为double类型，(float)(5%3)是将5%3的值转换成float类型。

项目规划

1. 思路分析

根据题意可知，本题要计算三角形的面积，底和高都为整型，而根据三角形面积公式s=a*h/2，计算出的面积s要带有小数，所以定义s为实型变量。

2. 算法设计

第一步：定义a，h为整型变量，s为实型变量。
第二步：为a，h变量赋值。
第三步：计算s=a*h/2.0的值并输出。

请根据以上步骤，完善下面的流程图。

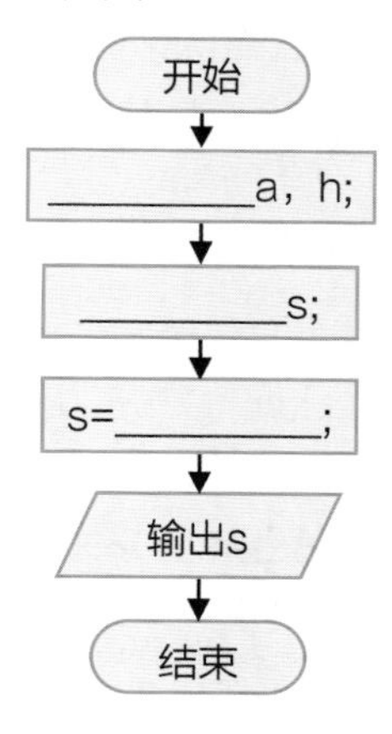

项目实施

1. 编程实现

项目8　计算三角形面积.cpp

```
1  #include <iostream>
2  using namespace std;
3  int main()
4  {
5      int a,h;             // 定义整型变量a，h
6      float s;             // 定义浮点型变量s
7      a=23;
8      h=31;
9      s=a*h/2.0;           // 计算三角形面积
10     cout<<s<<endl;
11     return 0;
12 }
```

2. 调试运行

```
356.5
```

测一测　请修改程序，并将输出的结果填写在相应的表格内。

序号	修改第 6 行语句	修改第 7 行语句	修改第 8 行语句	执行结果
1		a=30;	h=40;	
2		a=15;	h=20;	
3	int s;			

想一想　将第9行代码修改如下。

```
s=a*h/2;
```

运行程序后，会得到什么结果？为什么呢？请将你的理解写在下面方框中。

试一试　如果在第6行代码中，将变量s定义为了整型变量，最终输出结果时，仍想保留小数，则可在计算过程中使用数据类型强制转换，即可将第9行和第10行代码合并修改如下。

```
cout<<float(a*h/2.0)<<endl;
```

项目支持

1. 自动转换和强制转换的区别

自动转换和强制转换是指数据类型之间的转换。自动转换是把比较短的数据类型变量的值赋给比较长的数据类型变量，相当于将水从小杯子倒进大杯子，数据信息不会丢失。

如果把较长的数据类型变量的值赋给比较短的数据类型变量，则需执行强制转换，装不下的数据就容易丢失，相当于大杯子向小杯子倒水，装不下的水就会溢出来。

2. 数据类型转换规则

在对不同数据类型的数据进行混合运算时，系统会自动进行数据类型转换，自动类型转换遵循下面的规则。

(1) 若参与运算的数据类型不同，则先转换成同一类型，然后进行运算。

(2) 自动类型转换是按数据长度增加的方向进行的，以保证精度不降低。例如，当int类型和long类型参与运算时，先把int类型转换成long类型后，再进行运算。即从简单类型向复杂类型转换，转换顺序如下所示。

char→int→ long→float→double

项目提升

1. 程序解读

在本程序第9行中，“=”右边的变量a和h是整型，而“=”左边的变量是实型，为了保留小数，将s=a*h/2改为s=a*h/2.0，系统会自动将int类型的变量转换为float类型，再进行计算。

2. 注意事项

在赋值运算中，当赋值号两边的数据类型不相同时，将把右边表达式值的类型转换为左边变量的类型。

项目拓展

1. 阅读程序写结果

阅读以下程序段，在下面的横线上填写最终的运行结果。

```
1   #include <iostream>
2   using namespace std;
3   int main()
4   {
5       float x;            // 定义浮点型变量x
6       int i;              // 定义整型变量i
7       x=3.6;
8       i=int(x);           // 强制转换为整型
9       cout<<"x="<<x<<"i="<<i;
10      return 0;
11  }
```

运行结果：________________

2. 改错题

已知某梯形的上底、下底和高分别为8、13、9，求该梯形的面积(保留小数)。下面程序段中标出的地方有错误，快来改正吧!

```
1  #include <iostream>
2  using namespace std;
3  int main()
4  {
5      float a,b,h;  ——❶
6      int s;  ——❷
7      a=8;
8      b=13;
9      h=9;
10     s=(a+b)*h/2.0;
11     cout<<"s="<<s;
12     return 0;
13 }
```

错误❶：________________　错误❷：________________

3. 编程题

已知有变量定义“int b=7; float a=2.5，c=4.7；”，求下面算术表达式的值。a+(int)(b/3*(int)(a+c)/2.0)%4。

第 3 章

顺序结构

通过计算机程序可以解决一些问题，比如球赛计分、计算物体重力等。这些程序都是按从先到后、自上而下的顺序依次执行的，像这样的程序结构被称为顺序结构。

本章将学习顺序结构的典型实例，同时学习 C++ 语言的基础知识，如赋值语句、输入输出等。为进一步编写功能强大的程序打好基础。

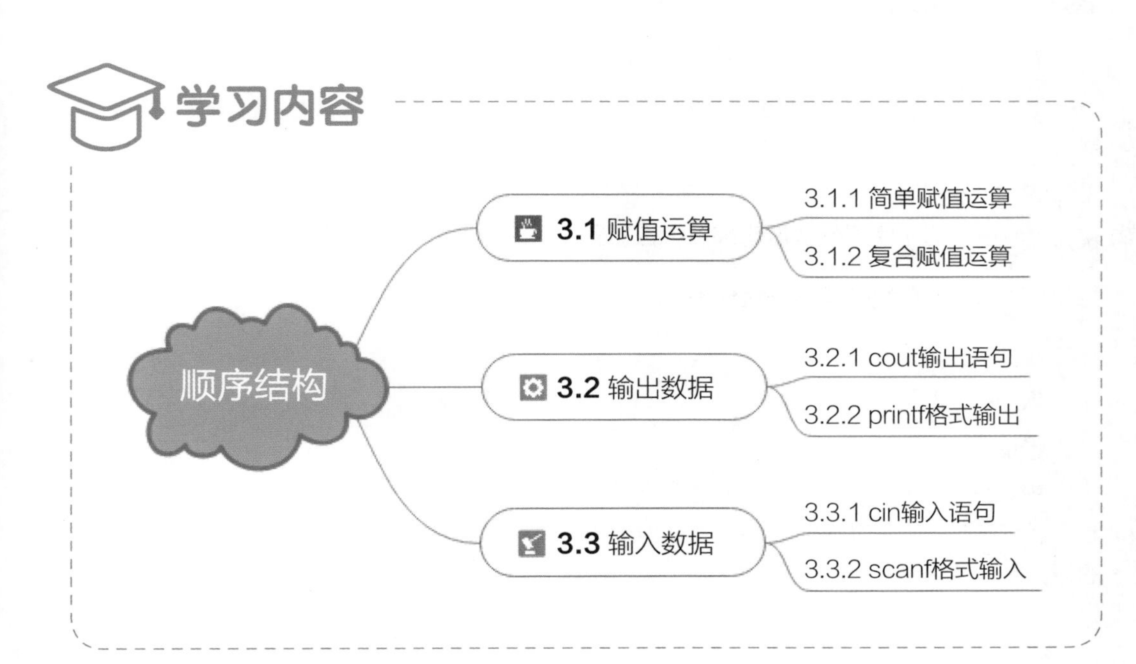

3.1 赋值运算

在C++程序中，要使数据参与运算，必须使用赋值表达式给变量赋予某个数据量。赋值语句是由赋值表达式加上分号构成的表达式语句，如int a=125;表示把整数125赋值给变量a。C++程序中大多数语句都是赋值语句，赋值语句分为简单赋值运算和复合赋值运算。

3.1.1 简单赋值运算

在C++程序中，简单赋值运算通过赋值号“=”实现。“=”称为赋值运算符，而不是数学中的等号，所以，不能把赋值号“=”读成“等号”。例如，“a=8”应读作“把8赋值给a”；“c=a+b”应读作“把a+b的值赋给c”。

项目名称 **肺炎治愈率**

文件路径 第3章\案例\项目1 肺炎治愈率.cpp

新型冠状病毒肺炎席卷全球，各国非常关注肺炎治愈率。已知某个地方的确诊人数为686，治愈人数为52，试编程计算该地的肺炎治愈率。

项目准备

1. 提出问题

要计算治愈率，必须把确诊人数和治愈人数存入计算机，然后通过数学方法计算结果。首先要思考如下问题。

(1) 使用什么语句来保存数据?

(2) 如何保存计算结果?

2. 相关知识

赋值表达式

用赋值运算符“=”将一个变量和一个表达式连接起来，这种式子即为赋值表达式。赋值运算符“=”可以连续使用。例如，a=b=c=7，则a的值为7；a=(b=2)+(c=3)，则a的值为5。

赋值语句

在赋值表达式后面加上语句结束符号“;”，即为赋值语句。

格式：变量=值(表达式);

功能：把赋值号右边的值(或表达式的值)赋给左边的变量。

例如：c=a+b；表示把a和b的和赋值给变量c。

项目规划

1. 思路分析

将确诊人数和治愈人数定义为两个变量并赋值，使用数学公式(治愈率=治愈人数/确诊人数*100%)计算治愈率，最后输出结果。

2. 算法设计

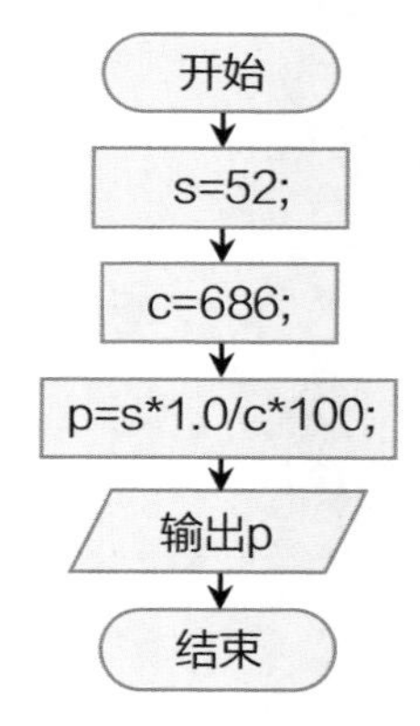

项目实施

1. 编程实现

项目1　肺炎治愈率.cpp

```
1  #include "iostream"
2  using namespace std;
3  int main() {
4      long s,c;          // 定义两个长整型变量
5      float p;           // 定义浮点型变量
6      s=52;
7      c=686;
8      p=s*1.0/c*100;     // 计算治愈率
9      cout<<p<<'%';      // 输出计算结果
10     return 0;
11 }
```

2. 调试运行

输出结果说明：7.58017%为计算出的治愈率，同时显示此次运行程序耗时2.572秒。

测一测　请修改程序，并将输出的结果填写在相应的表格内。

序号	修改第 6 行语句	修改第 7 行语句	输出 p 的值
1	s=587;	c=853;	
2	s=810;	c=915;	
3	s=242;	c=916;	

想一想　如何保证输出的结果保留两位小数？请把要修改的程序写在下面的方框中。

项目支持

1. 整除运算

在整除运算中，若除数和被除数均为整数，则执行整除运算，舍去小数部分。例如，2/5的结果是0；5/2的结果是2，而不是2.5。要想得到小数，可以使用强制类型转换，例如(double)2/5，也可以写成2.0/5，那么结果是0.4。

2. 强制类型转换格式

格式：(类型名)变量(表达式);
功能：把表达式的值强制转换为指定的数据类型。
例如：(float)(a+b); 表示把(a+b)的值强制转换为float类型。

所以，程序中的“p=s*1.0/c*100;”可以改为“p=(double)s/c*100;”。

项目提升

1. 程序解读

第4行：“确诊人数”和“治愈人数”被定义为长整型变量。

第8行：把变量s乘以1.0，目的是把整型s转换为浮点类型再参与运算。

2. 注意事项

第9行，如果不输出%格式，在第8行中可以不乘以100。直接输出小数形式，程序如下。

```
3  int main() {
4      long s,c;      // 定义两个长整型变量
5      float p;       // 定义一个浮点型变量
6      s=52;
7      c=686;
8      p=s*1.0/c;     // 计算治愈率
9      cout<<p;       // 输出计算结果
10     return 0;
11 }
```

项目拓展

1. 阅读程序写结果

阅读下面的程序段，思考程序运行过程，在下面的横线上填写最终的运行结果。

```
1  #include<iostream>
2  using namespace std;
3  int main()
4  {
5      int x,y,m=0,n=0;
6      x=y=30;
7      m=(x=5)*3+(x++);
8      n=(y++)+(y=5)*3;
9      cout<<"m="<<m<<' ';
10     cout<<"n="<<n<<endl;
11 }
```

运行结果：________________

2. 改错题

下面的程序段用来计算两个整数的和，其中标出的行有错误，快来改正吧！

```
1  #include<iostream>
2  using namespace std;
3  int main()
4  {
5      int a,b,s;        // 定义三个整型变量
6      a=5.4;            // 给变量a赋值为5      ❶
7      b=10;
8      a+b=s;            // 把a和b的和赋值给变量s  ❷
9      cout<<"s="<<s<<endl;
10 }
```

错误❶：________ 错误❷：________

3. 搭配题

下列程序的功能是交换变量a和变量b中的值，其中有4条语句顺序错乱，请使用连线的方式把合适的语句和空缺处的编号一一对应。

```
1  #include<iostream>
2  using namespace std;
3  int main() {
4      int a=55, ___❶___;
5      cout<<a<<' '<<b<<endl;
6      ___❷___            // 累加
7      ___❸___            // 取值b
8      ___❹___            // 取值a
9      cout<<a<<' '<<b<<endl; // 输出
10 }
```

A. b=a-b;
B. a+=b;
C. a=a-b;
D. b=120

3.1.2 复合赋值运算

在C++语言中，除了简单赋值符“=”外，为了使运算简洁，有时会把运算符和赋值符结合在一起成为复杂的赋值运算符，即为复合赋值运算符。例如，s=s+7，变量s被使用两次，可以简写为：s+=7，其中“+=”就是复合赋值运算符。

项目名称 **大牛的年龄**

文件路径 第3章\案例\项目2 大牛的年龄.cpp

大牛妈妈有4个孩子，有人想知道大牛的年龄。大牛说：“我比老二大2岁”；老

二说："我比老三大2岁"；老三说："我比弟弟大2岁"。最小的弟弟说："我才10岁"。试编程求出大牛的年龄。

项目准备

1. 提出问题

大牛的年龄可通过弟弟的年龄"加2"得到，题目中要多次使用"加2"运算。为了简洁地表达运算，可以使用复合赋值运算。首先要思考如下问题。

(1) 复合赋值运算的语句格式是什么样的?

(2) 有哪几种复合赋值运算符?

2. 相关知识

复合赋值运算语句格式

在C++语言中，复合赋值运算符由运算符和赋值运算符两部分构成，应用格式如下。

格式：变量 复合赋值运算符 表达式;

功能：把变量和表达式的运算结果赋值给变量。例如，s+=2;，即先使s加2，再赋给s，相当于使s进行一次自加2的操作。

复合赋值运算符

常见的运算符有：+、-、*、/、\、%，相应地，复合赋值运算符有：+=、-=、*=、/=、\=和%=。例如，a+=7相当于a=a+7；a%=7相当于a=a%7。

项目规划

1. 思路分析

给变量age赋值为10，累加2，求得老三的年龄；再累加2，求得老二的年龄；最后累加2，求得大牛的年龄。

2. 算法设计

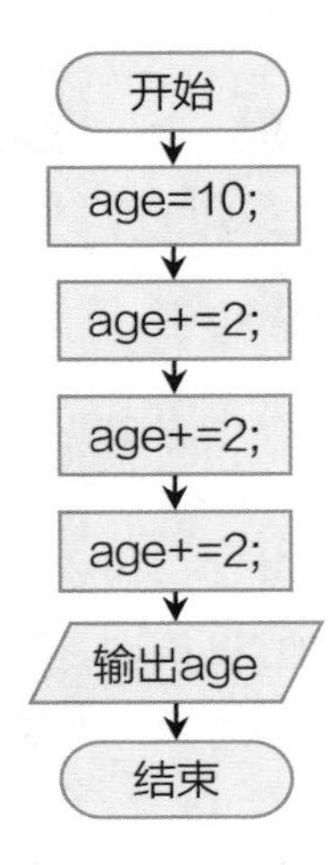

项目实施

1. 编程实现

项目2 大牛的年龄.cpp

```
1  #include<iostream>
2  using namespace std;
3  int main(){
4      int age=10;      // 定义变量age，并赋值
5      age+=2;          // 求老三的年龄
6      age+=2;          // 求老二的年龄
7      age+=2;          // 求大牛的年龄
8      cout<<age;       // 输出计算结果
9      return 0;
10 }
```

2. 调试运行

```
16
```

输出结果说明：大牛的年龄为16岁。

测一测　请修改程序，并将输出的结果填写在相应的表格内。

序号	修改第 4 行语句	修改第 5 ~ 7 行语句	输出 s 的值
1	age=7;	age+=3;	
2	age=8;	age+=1;	
3	age=11;	age+=2;	

想一想　求解年龄的过程中，你发现了什么规律？请写在下面的方框中。

项目支持

1. 复合赋值运算示例

复合赋值运算在C++语言中很常用，它和简单赋值运算对比如下。

复合赋值运算	简单赋值运算	复合赋值运算	简单赋值运算
s+=t	s=s+t	a*=b	a=a*b
s-=t	s=s-t	a/=b	a=a/b
s%=t	s=s%t		

注意：复合赋值运算符左侧一定是一个变量。

2. 复合赋值运算计算顺序

复合赋值运算符右侧可以是变量、常量，也可以是表达式。当是表达式时，要考虑运算顺序。先求出运算符右侧表达式的值，然后再参与复合赋值运算。例如，假设s=30，t=2，执行语句s/=t+13;，则应先计算t+13为15，然后再计算s=s/15，结果s=2。等同于s=s/(t+13)，而不是s=s/t+13，其错误的结果为s=28。

项目提升

1. 程序解读

第4行：定义变量age，并赋值为10。

第5 ~ 7行：使用复合赋值运算符参与运算，改变了age的值。

2. 注意事项

第5 ~ 7行是复合赋值运算，编写程序时“+”和“=”之间不能加空格，否则会出现以下错误。

```
age+ =2;
```

[Error] expected primary-expression before '=' token

项目拓展

1. 阅读程序写结果

阅读下面的程序段，思考程序运行过程，在下面的横线上填写最终的运行结果。

```
1  #include<iostream>
2  using namespace std;
3  int main()
4  {
5      int i=1,s=0;      // 定义两个变量，并赋值
6      s+=i;             // 复合赋值运算
7      i*=2;
8      s+=i;
9      i*=2;
10     cout<<i<<" "<<s<<endl;
11 }
```

运行结果：________________

2. 改错题

下面的程序段用来求表达式：2×2×2×2=? 的结果，其中标出的地方有错误，快来改正吧！

```
1  #include<iostream>
2  using namespace std;
3  int main()
4  {
5      long s=0;        // 定义整型变量s，并赋值为1   ❶
6      s*=2;            // 把s乘以2，再赋值给s
7      s*=2;
8      s*=2;
9      s+=2;                                          ❷
10     cout<<s<<endl;
11 }
```

错误❶：________________　　错误❷：________________

3. 编程题

小猴子妈妈采摘了30根香蕉，禁不住诱惑的小猴子立即拿起香蕉就吃，当天就吃掉一半，觉得不过瘾，又多吃了一根。第二天早上，它将昨天吃剩下的香蕉吃掉一半后又

吃了一根，第三天早上也是如此，问第四天早上小猴子发现还剩多少根香蕉。试编程计算结果。

3.2 输出数据

输出语句是将程序运行的结果输出到屏幕上或者指定文件中。使用输出语句，不仅可以输出整数、实数等数据，还可以输出字符、汉字等。一个程序可以没有输入语句，但必须得有输出语句。在C++语言中，常用的输出方式有cout<<输出语句和printf()输出函数等。

3.2.1 cout输出语句

cout输出语句是C++语言中常见的输出语句，它由两部分构成：cout和输出运算符“<<”。

项目名称 **输出各科成绩**

文件路径 第3章\案例\项目3 输出各科成绩.cpp

考试结束了，莎莎打算以新颖的方式向妈妈汇报成绩：编程输出自己的各科成绩。要求第1行是姓名和科目名称等项目名称，第2行是姓名和学科分数等具体数据。请帮助莎莎编程实现她的想法。

项目准备

1. 提出问题

在莎莎的想法中，除了输出成绩外还要输出科目名称和姓名，并且还要分两行输出数据，所以，首先要思考如下问题。

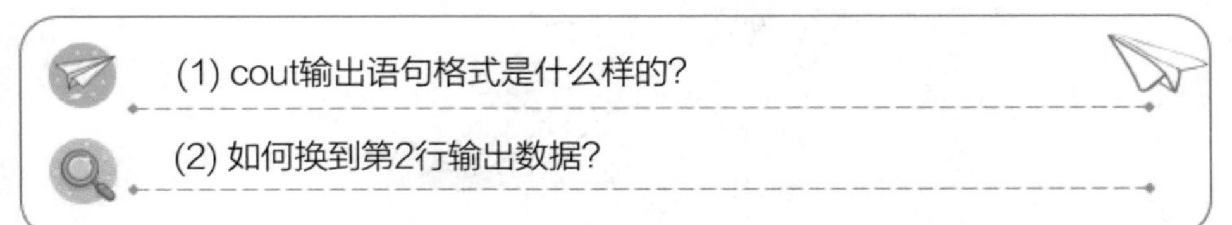

2. 相关知识

cout语句格式

在C++语言中，cout要和运算符“<<”结合使用，基本格式如下。

格式：cout<< 表达式1<<……；

功能：输出表达式1的值。

cout语句的换行功能

当使用cout输出多个数据时，默认都是在同一行输出。如要求多行输出数据时，必须引入换行命令：endl。例如，cout<<number<<endl;。

项目规划

1. 思路分析

用于保存姓名的变量是字符串类型，保存学科成绩的变量是浮点类型。输出第1行项目名称后换行，在第2行输出姓名和成绩。

2. 算法设计

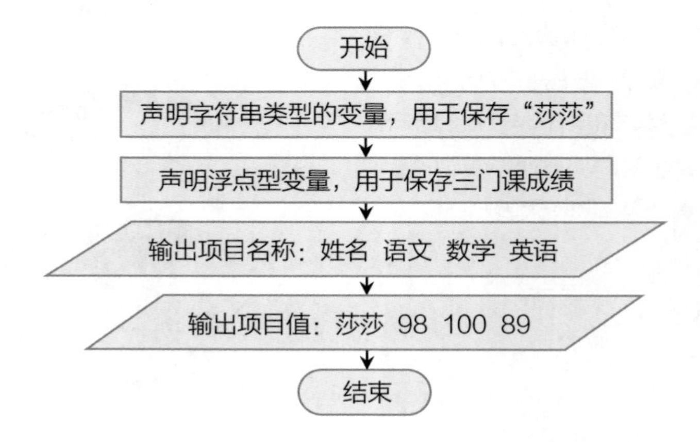

项目实施

1. 编程实现

项目3 输出各科成绩.cpp

```
1  #include <iostream>
2  using namespace std;
3  int main() {
4      string name="莎莎";            // 定义字符串类型的变量
5      float c=98,m=100,e=89;         // 定义浮点型变量，并赋值
6      cout<<"姓名";                   // 输出项目名称
7      cout<<" "<<"语文";
8      cout<<" "<<"数学";
9      cout<<" "<<"英语"<<endl;        // 输出项目名称后，进入第2行
10     cout<<name;                    // 输出姓名
11     cout<<"  "<<c;                 // 输出语文成绩
12     cout<<"  "<<m;                 // 输出数学成绩
13     cout<<"   "<<e;                // 输出英语成绩
14     return 0;
15 }
```

2. 调试运行

```
姓名 语文 数学 英语
莎莎  98  100  89
```

测一测　请修改程序并观察输出的结果。

序号	修改第4行语句	修改第5行语句
1	string name="王铁牛";	float c=98,m=95,e=89;
2	string name="莎莎";	float c=98,m=100,e=98;
3	string name="王二牛";	float c=100,m=100,e=89;

想一想　通过观察上面的多次输出的结果，你认为输出格式有不整齐之处吗？请将你的理解写在下面的方框中。

项目支持

1. cout语句特点

用cout输出数据时，用户不必设置计算机按何种类型输出，系统会自动判别输出数据的类型，使输出的数据按相应的类型输出。如运行以下程序。

```
#include<iostream>
using namespace std;
int main() {
    int a=5;
    float b=42.230;
    char c='C';
    cout<<a<<' '<<b<<' '<<c<<endl;
    return 0;
}
```

则输出结果如下。

```
5 42.23 C
```

2. 字符串和变量的输出区别

当输出字符串常量的时候，必须用双引号把字符串引起来，以便和变量名区分开来。如cout<<"name";，其功能是输出字符串name。而cout<<name；是把变量name存储的内容输出到屏幕上。

项目提升

1. 程序解读

第4行：定义字符串类型变量name，并赋值为“莎莎”。

第5行：定义浮点类型变量，用于保存学科成绩。

第6～9行：输出各个项目的名称。

第10～13行：输出莎莎的姓名和学科成绩。

2. 注意事项

第7～9行中输出字符含有多个空格，所以用英文状态下的双引号引起来。其中第9行使用endl换行输出，endl不能省略。

项目拓展

1. 阅读程序写结果

阅读下面的程序段，思考程序运行过程，在下面的横线上填写最终的运行结果。

```
1   #include<iostream>
2   using namespace std;
3   int main()
4 ⊟ {
5       cout<<"10+20=";         // 输出字符串
6       cout<<30;               // 输出数值
7   }
```

运行结果：________________

2. 填空题

下面的程序段用来求长方形的周长，请把以下横线上空白处填写完整，使程序具有此功能。

```
1   #include<iostream>
2   using namespace std;
3   int main()
4 ⊟ {
5       int a,b,c;              // 定义整型变量a，b，s
6       a=20;
7       b=35;
8       c=(a+b)*2;              // 计算长方形的周长
9    ____________________       // 使用cout语句输出周长
10  }
```

填空：________________

3. 编程题

牛伯伯计划在一块正方形耕地的四周种上树，要求是每边都种10棵，并且4个顶点都种有1棵树。试编程计算一共需要多少棵树，并输出。

3.2.2 printf格式输出

在C++程序中，使用cout<<语句可以很方便地输出程序运行结果。但是，如果程序输出的运行结果很复杂，并且有格式要求，则使用printf()函数输出结果比较方便。

项目名称 **数字变形记**

文件路径 第3章\案例\项目4　数字变形记.cpp

在数字王国里，最常见的是十进制数，另外还有八进制数、十六进制数等。同一个数字在不同的进制世界里，表现形式不一样。试编程把125分别以十进制数、八进制数和十六进制数的形式输出。

项目准备

1. 提出问题

把一个数字以其他进制的形式输出，只要把输出格式改变一下即可。所以，首先要思考如下问题。

(1) printf输出函数有什么样的格式?

(2) 如何表达八进制和十六进制格式?

2. 相关知识

printf输出函数的格式

printf函数的功能是向终端输出若干个任意类型的数据，其格式如下。

格式：printf("格式控制"，输出列表);

功能：按指定的格式输出数据。如printf("%d", a);输出整数a的值。printf("%.2f", b);输出实数b的值，保留两位小数。

输出列表是需要输出的一组数据(可以为表达式和变量)，各参数之间用“,”隔开。

八进制

八进制是一种以8为基数的记数法，逢8进1，采用0、1、2、3、4、5、6、7八个数字表示。C++语言中以数字0开头表示该数字是八进制。例如，07、0175。

十六进制

在数学中，十六进制是一种逢16进1的进位制。采用数字0~9和字母A~F(或a~f)表示，其中：A~F表示10~15，这些称为十六进制数字。C++语言中十六进制数开头使用“0X”。例如“0X3A2”或者“0x3A2”。

项目规划

1. 思路分析

给变量a赋值为125，输出一行提示语句，在第二行输出a的十进制、八进制、十六进制格式。

2. 算法设计

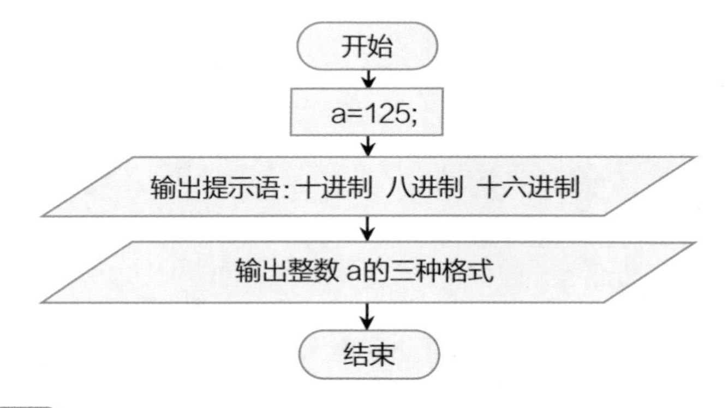

项目实施

1. 编程实现

项目4 数字变形记.cpp

```
1  #include<iostream>
2  #include"cstdio"                              // 高版本编译器，可省略头文件
3  using namespace std;
4  int main()
5  {
6      int  a=125;                               // 定义变量a，并赋值
7      printf("%7s %7s %7s \n","十进制","八进制","十六进制");
8      printf("%7d %7o %7X \n",a,a,a);          // 输出a的三种格式
9      return 0;
10 }
```

2. 调试运行

```
十进制  八进制  十六进制
  125     175      7D
```

输出结果说明：a的十进制表示为125，八进制表示为175，十六进制表示为7D。

测一测　请修改程序，并将a的三种输出格式分别填写在相应的表格内。

序号	修改第 5 行语句	十进制数	八进制数	十六进制数
1	a=8;			
2	a=072;			
3	a=0XAB;			

想一想　在调试程序的过程中，你能发现八进制和十六进制的特点吗？请将你的想法写在下面的方框中。

项目支持

1. printf输出控制符

在printf应用中，“格式控制符”包括格式控制和普通字符两部分。格式控制由“%”和格式字符组成，普通字符是指需要原样输出的字符。如，int a=12; printf("a=%d",a); 运行结果为：a=12。

printf(“a=%d”,a);

普通字符　格式字符　输出变量

常见的格式字符如下。

格式字符	说明
%d	按十进制整型数据的实际长度输出
%md	m 为指定的输出字段的宽度
%c	用来输出一个字符
%f	用来输出实数，整数部分全部输出，小数部分输出 6 位

(续表)

格式字符	说明
%.mf	输出实数时，小数点后保留m位，注意m前面有个点
%o	以八进制整数形式输出
%x或%X	以十六进制整数形式输出

2. 如何换行输出数据

使用cout<<语句输出多行数据，可以添加语句<<endl来完成。但是在printf输出语句中常常使用换行符“\n”辅助完成。“\n”表示重起一行开始输出。例如，printf("123\n456");，表示输出123后，再重起一行开始输出，结果如下。

```
123
456
```

项目提升

1. 程序解读

第6行：定义变量a，并赋值为125。

第7行：输出提示行，以便区别整数a的十进制数、八进制数和十六进制数。

2. 注意事项

在第7行中，双引号中的7用于设定数据宽度，使数据宽度统一并且使各项对齐。编写程序时仅仅使用空格隔开两个数据，不一定能达到整齐的效果。

项目拓展

1. 阅读程序写结果

阅读下面的程序段，思考程序运行过程，在下面的横线上填写最终的运行结果。

```
1  #include<iostream>
2  #include"cstdio"
3  using namespace std;
4  int main()
5  {
6      int num= 66;                 // 定义整型变量
7      char ch='E';                 // 定义字符型变量
8      printf("num=%d\n",num);      // 输出整数
9      printf("ch=%c\n",ch);        // 输出字符
10     return 0;
11 }
```

运行结果：________________

2. 改错题

已知三角形的船帆下边宽1.36，高5.93，求出船帆的面积(结果保留两位小数)。有位同学编写了如下程序，但其中标出的地方有错误，快来改正吧！

```
1  #include<iostream>
2  #include"cstdio"
3  using namespace std;
4  int main()
5  {    int s;              // 定义实型变量s        ❶
6       float a=1.36,h=5.93;
7       s=a*h/2;            // 求三角形面积s
8       printf("%f\n",s);   // 输出面积的值          ❷
9       return 0;
10 }
```

错误❶：＿＿＿＿＿＿＿＿　　错误❷：＿＿＿＿＿＿＿＿

3. 编程题

李医生上山采药，上山时他每分钟走48米，18分钟到达山顶；下山时，他沿原路返回，每分钟走74米。试编程输出李医生上下山的平均速度(结果保留两位小数)。

3.3 输入数据

利用计算机程序解决问题时，要多次运行同一个程序，处理不同的数据。C++程序对输入数据进行处理，然后进行输出。常用的输入方式有cin>>语句和格式化输入scanf()函数。

3.3.1 cin输入语句

cin输入语句是通过键盘输入数据。执行后，程序会将输入的数据存储在变量中，所以cin>>必须和变量结合使用。

项目名称　**分糖果游戏**

文件路径　第3章 \ 案例 \ 项目5　分糖果游戏.cpp

圆桌旁有5位小朋友，编号为1、2、3、4、5，每人若干个糖果。1号小朋友将自己的糖果平均分成3份(多余的糖果被吃了)，自己留一份，其余两份分给相邻的两位小朋友(2号和5号)。按编号顺序，其他小朋友也这样分糖。通过键盘输入5个整数，表示5位小朋友拥有糖果的数目。试编程计算，一轮分糖果游戏后，每位小朋友手上分别有多少糖果?

项目准备

1. 提出问题

把糖果分给左右两边相邻的小朋友：先把自己的分成三等份(多余的糖果舍去)，左右小朋友各得一份。按顺序每位小朋友都要按照同样的方法分糖果。分糖果前，小朋友盒子里的糖果数是通过键盘输入的。首先要思考如下问题。

(1) 如何使用cin>>语句输入数据?

(2) 如何把糖果平均分为三份?

(3) 如何在同一行中输出多个数据?

2. 相关知识

cin>>语句格式

cin语句是将“cin”和“>>”结合在一起使用，格式如下。

格式1：cin>> 变量；

功能：获取一个数据并将其赋给变量，如cin>>a;。

格式2：cin>> 变量1>>变量2>>变量3；

功能：从键盘输入多个数据，并将其分别赋给对应的变量，如cin>>a>>b;表示输入两个数给变量a、b。

编写程序时，当连续输入多个数据时，数据之间可以使用空格隔开。例如，运行语句：cin>>a>>b;，把12赋给变量a，34赋给变量b。不能输入1234，应输入12 34。

整除运算符“/”

在整数范围内，C++中的算术运算符“/”表示整除，运算结果舍去小数部分。如5/2结果为2；2/3结果为0。

项目规划

1. 思路分析

首先，通过键盘输入5位小朋友最初的糖果数。把1号小朋友的糖果数整除3，即分为三等份，再给相邻小朋友的糖果数各加一份。按编号顺序，其他小朋友也进行同样的操作。特别注意的是1号小朋友相邻的是5号和2号，同样5号小朋友相邻的是4号和1号。

2. 算法设计

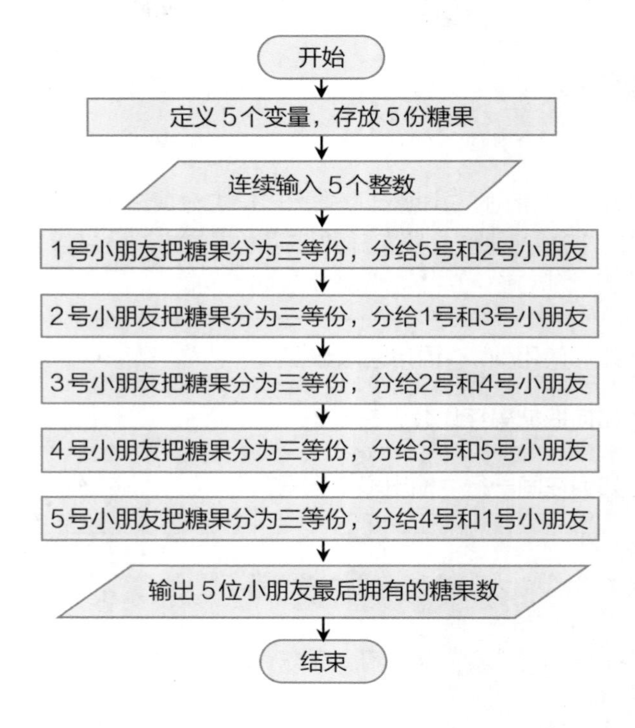

项目实施

1. 编程实现

项目5　分糖果游戏.cpp

```
1  #include <iostream>
2  using namespace std;
3  int main() {
4      int t1,t2,t3,t4,t5;              // 定义5个整型变量
5      cin>>t1>>t2>>t3>>t4>>t5;         // 输入5个数为5个变量赋值
6      t1=t1/3;                  // 1号小朋友将糖果分为三等份，余数舍去
7      t2=t2+t1;                        // 2号小朋友，多加一份糖果t1
8      t5=t5+t1;                        // 5号小朋友，多加一份糖果t1
9      t2=t2/3;t1=t1+t2;t3=t3+t2;       // 2号小朋友分糖果给1号和3号
10     t3=t3/3;t2=t2+t3;t4=t4+t3;       // 3号小朋友分糖果给2号和4号
11     t4=t4/3;t3=t3+t4;t5=t5+t4;       // 4号小朋友分糖果给3号和5号
12     t5=t5/3;t4=t4+t5;t1=t1+t5;       // 5号小朋友分糖果给4号和1号
13     cout<<t1<<' '<<t2<<' '<<t3<<' '<<t4<<' '<<t5;
14     return 0;
15 }
```

2. 调试运行

通过键盘输入数据：10 20 30 40 50，按回车键，输出结果如下。

```
10 20 30 40 50
33 19 29 40 23
```

输出结果说明：第2行输出5位小朋友最后所得的糖果数量。1号小朋友到5号小朋友的糖果数分别为33 19 29 40 23。

测一测　多次运行程序，输入多组数据，并将输出的结果填写在相应的表格内。

序号	输入数据	输出数据
1	9 10 11 12 13	
2	50 43 13 24 16	
3	30 30 30 30 30	

写一写　观察程序，你能不能使用printf()语句输出运行结果？如果可以的话，请把你认为要修改或者添加的语句写在下面的方框中。

项目支持

1. cin语句特点

在使用cin>>语句输入数据时，一定要注意以下几点。

(1) cin语句中，空格字符和回车换行符是分隔符，不输入给变量。

(2) 保证输入的一致性。数据和变量的个数、顺序、类型必须一致。如果输入过多数据，将被忽略。

(3) cin语句，可以写在一行，也可以写成若干行。

2. 顺序结构的特点

C++程序中，顺序结构是基本的程序结构，通常其顺序不能颠倒。案例中是从1号小朋友开始分糖果的，依次是2号、3号、4号、5号小朋友分糖果，结果如下图。

```
50 43 13 24 26
52 29 21 28 17
```

如果2号和3号颠倒顺序结果会不同，如下图。

```
50 13 43 24 26
43 26 30 31 18
```

项目提升

1. 程序解读

第4行：定义5个整型变量，为了表明序列，采用字母+数字的方式命名。

第5行：连续输入5个数据，中间使用空格隔开。

第6行：把1号小朋友的糖果分为三等份，巧妙地利用运算符“/”具有整除，且余数不计的功能，相当于“多余的糖果被吃了”。t1变量值已经更新，也是三份的其中之一。

第7行：1号小朋友把糖果给了2号小朋友一份t1。因此2号小朋友的糖果数就在原来数的基础上增加了一份t1。

第8行：1号小朋友把糖果给了5号小朋友一份t1。因此5号小朋友的糖果数就在原来数的基础上增加了一份t1。

2. 程序改进

此程序中运用了很多算术运算，如果采用复合赋值运算符，程序更加简洁、可读性更强。可以修改程序如下。

```
#include <iostream>
using namespace std;
int main() {
    int t1,t2,t3,t4,t5;
    cin>>t1>>t2>>t3>>t4>>t5;
    t1/=3;t2+=t1;t5+=t1;
    t2/=3;t1+=t2;t3+=t2;
    t3/=3;t2+=t3;t4+=t3;
    t4/=3;t3+=t4;t5+=t4;
    t5/=3;t4+=t5;t1+=t5;
    cout<<t1<<' '<<t2<<' '<<t3<<' '<<t4<<' '<<t5;
    return 0;
}
```

项目拓展

1. 阅读程序写结果

阅读下面的程序段，思考程序运行过程，在下面的横线上填写最终的运行结果。

```
1  #include<iostream>
2  using namespace std;
3  int main()
4  {
5      int s,a,b;
6      cin>>s>>a>>b;            // 输入三个数
7      s-=a;                    // 参与运算
8      s-=b;
9      cout<<"s="<<s<<endl;     // 输出 s 的值
10 }
```

输入：100 10 20　　运行结果：________________

2. 改错题

下面的程序段用来计算两杯水倒在一起的总体积，其中标出的地方有错误，快来改正吧！

```
1  #include<iostream>
2  using namespace std;
3  int main()
4  {
5      float v1,v2,v;
6      cin<<v1<<v2;     // 输入两个数，赋值给v1，v2   ❶
7      v=v1+v2;
8      cout<<"v="<<v1<<endl;  // 输出两杯水的总体积  ❷
9  }
```

错误❶：________________　　错误❷：________________

3. 编程题

有一只兔子掉进了枯井里，井太深了，它不容易跳出来，但它相信通过自己的坚持一定能跳出来。已知井深2米，兔子每次跳起的最大高度是x米。试编程：输入x值，输出还差多远距离可以到达井口。

如输入：0.5，则输出：1.5。输入：0.7，则输出：1.3。

3.3.2 scanf格式输入

在C++语言中，当输入较大的数据且对格式有具体要求时，使用scanf语句输入比使用cin语句输入效率更高，速度更快。

项目名称 **测量纸张厚度**

文件路径 第3章\案例\项目6 测量纸张厚度.cpp

丁丁想用直尺测量一本书中一张纸的厚度，但是一张纸太薄，不易测量。在老师的建议下，丁丁采用一次测量多张纸的厚度的方法，最后计算平均值得出一张纸的厚度(精确到0.01毫米)。

已知要测量的一叠书纸中，书的起始页码为x，末尾页码为y。同一叠纸3次测量的厚度分别是h1毫米、h2毫米、h3毫米。为了计算方便，试编写程序计算一张纸的厚度。

项目准备

1. 提出问题

这个问题就是使用求平均值的方法求一张纸的厚度。同一叠纸多次测量是为了保证测量厚度的准确性。首先要思考如下问题。

(1) 要输入哪几种类型的数据?

(2) 如何计算一叠书纸的张数?

(3) 如何推导出计算纸张数目的方法?

2. 相关知识

scanf()输入函数的格式

与printf输出函数的格式类似，输入函数一般格式如下。

格式：scanf("格式控制符"，地址列表);

功能：按指定的格式输入数值。如scanf("%d",&a);通过键盘输入一个整数，并将其赋给变量a。

其中“&”为取地址符，指明了变量的地址。输入数据就像给变量送快递一样，要知道变量的地址才能成功送达快递。

巧算纸张数目

一本书的页码通常是有序的，一叠书纸的起始页码一般为奇数，末尾页码一般为偶数，所以可以使用下面的公式计算出纸张数目。

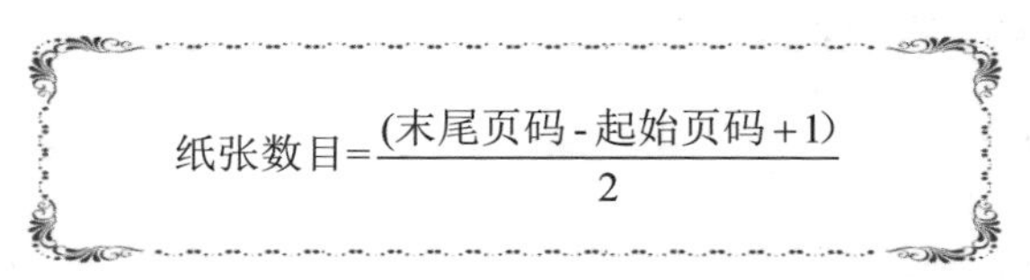

$$纸张数目=\frac{(末尾页码-起始页码+1)}{2}$$

项目规划

1. 思路分析

首先要通过测量和计算得到一叠纸的厚度和纸张数目，最后求得一张纸的厚度。

2. 算法设计

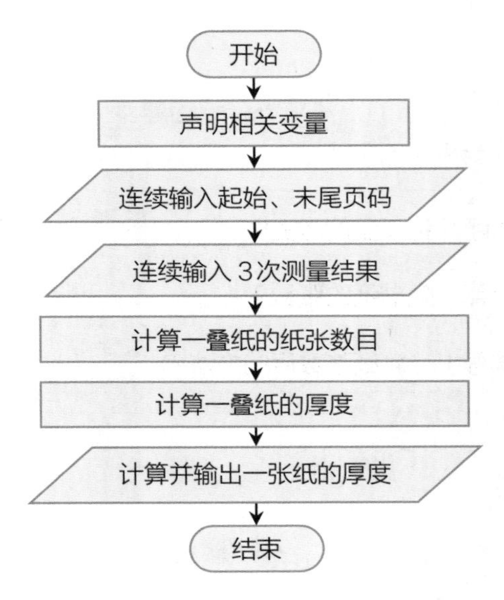

项目实施

1. 编程实现

项目6　测量纸张厚度.cpp

```
1  #include<iostream>
2  #include"cstdio"
3  using namespace std;
4  int main()
5  {
6      int  x,y,n;                       // 定义整型变量
7      float h1,h2,h3,h;                 // 定义浮点型变量
8      scanf("%d%d",&x,&y);              // 输入页码
9      scanf("%f%f%f",&h1,&h2,&h3);      // 输入3 次测量值
10     n=(y-x+1)/2;                      // 计算一叠纸的纸张数目
11     h=(h1+h2+h3)/3;                   // 计算一叠纸的厚度
12     printf("%.2f\n",h/n);             // 计算并输出一张纸的厚度
13     return 0;
14 }
```

2. 调试运行

通过键盘输入数据：9 204 9.5 10 9，按回车键，则输出结果如下。

输出结果说明：第3行为一张纸的厚度，即0.10毫米。

测一测　找一本200页左右的书，分3次选择书中的一叠纸，测量厚度后，详细填写表格。运行程序，输入实验数据，并将输出的结果填写在相应的表格内。

序号	起始页码 x	末尾页码 y	厚度 h1	厚度 h2	厚度 h3	输出数据
1						
2						
3						

想一想　测量一叠纸的厚度，要多次测量求平均值。实验中，最好由不同的同学在一叠纸的不同位置来测量。请谈谈这样做的理由，将你的想法写在下面的方框中。

项目支持

1. scanf()函数格式符

scanf()是标准的库函数，使用前需要在头文件部分加上#include<cstdio>或#<stdio.h>。其中，格式控制符用于指定输入格式，以%开头，后面跟格式字符。

格式字符	说明
%d	用来输入十进制的整数
%ld	用来输入long型整数
%f	用来输入实数
%c	用来输入一个字符
%s	用来输入string型字符串

2. scanf()函数的特点

scanf("格式控制符"，地址列表)；功能是按照变量在计算机内存中的地址将变量值存储进去。在使用中要注意以下几点。

(1) scanf函数中的“地址列表”应当是变量地址，而不应是变量名。如scanf("%d",&a)；不能写成scanf("%d",a);，&是地址运算符不能丢掉。

(2) 如果在“格式控制符”字符串中除了格式说明以外还有其他字符，则在输入数据时在对应位置应输入与这些字符相同的字符，如scanf("h1=%f,h2=%f,h3=%f",&h1,&h2,&h3);要通过键盘输入数据：h1=9.5,h2=10,h3=9。不能直接输入：9.5 10 9。

项目提升

1. 程序解读

第7行：定义4个浮点型变量，用于保存厚度。测量中使用毫米直尺估算到小数点后一位。

第8行：输入两个整数页码，两个数之间用空格隔开。

第10行：计算纸张数目，起始页码为奇数，如第1页、第3页等。末尾页码为偶数，如第4页、第6页等。末尾页码减去起始页码再加1后的结果正好能被2整除，不用担心有余数。

2. 程序改进

此程序中利用多个步骤逐步完成了求解。为了让程序更简洁，可以修改程序如下。

```
#include<iostream>
#include"cstdio"
using namespace std;
int main()
{
    int  x,y,n;
    float h1,h2,h3,h;
    scanf("%d%d%f%f%f",&x,&y,&h1,&h2,&h3);
    printf("%.2f\n",2.0/3*(h1+h2+h3)/(y-x+1));
    return 0;
}
```

项目拓展

1. 阅读程序写结果

阅读下面的程序段，思考程序运行过程，在下面的横线上填写最终的运行结果。

```
1  #include<iostream>
2  #include"cstdio"
3  using namespace std;
4  int main()
5  {
6      int ch1,ch2;                 // 定义两个整型变量
7      scanf("%d%d",&ch1,&ch2);  // 输入两个整数
8      printf("%c %c",ch1,ch2);  // 输出字符
9      return 0;
10 }
```

输入：65 66　　运行结果：________________

2. 改错题

以下程序完成了把时间的秒转换为分钟的运算，剩余的秒数不舍去，其中标出的地方有错误，快来改正吧！

```
1  #include<iostream>
2  #include"cstdio"
3  using namespace std;
4  int main()
5  {
6      int s,m;                    // 定义整型变量s，m
7      scanf("%d",s);              // 输入秒数s        ❶
8      m=s/60;                     // 计算分钟
9      s=s%60;
10     printf("%2f:%2d",m,s);      // 输出分，秒       ❷
11     return 0;
12 }
```

错误❶：________　　错误❷：________

3. 编程题

午饭时间，学校食堂把盒饭和汤送到教室。已知汤有L升，同学们盛汤的饭盒长160毫米、宽105毫米、深50毫米。假设每个同学只盛一次汤，并且不能太满，仅盛深为45毫米的汤。试编程计算L升汤可以够多少个同学饮用(提示：巧用“%.0f”将结果取整)。

如输入40，输出53。

第 4 章

分支结构

人们走在马路上，一步一个脚印顺着路往前走，但是很多情况下并不是一帆风顺的。比如遇到有红绿灯的路口时，如果红灯亮，则选择“停止前进”；如果绿灯亮，则选择“继续前进”。与顺序结构不同，这种在执行过程中需要进行先判断后执行的程序结构被称为选择结构，也叫分支结构。

在 C++ 语言的分支结构中，if 语句最为常用，也有可实现多分支结构的 switch 语句。本章将介绍多种分支结构及逻辑运算相关知识。

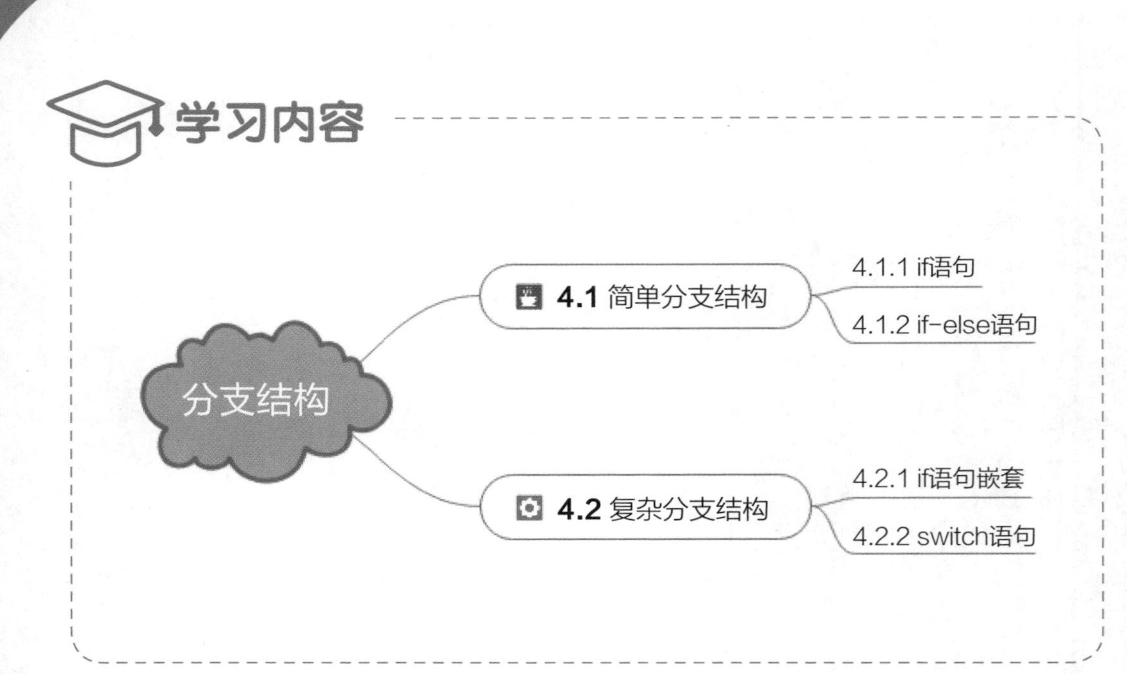

4.1 简单分支结构

简单的分支结构包括if语句和if-else语句两种格式。在程序运行过程中要先判断条件，根据条件结果(真或假)，确定选择哪个分支执行。

4.1.1 if语句

生活中很多事情的发生是有条件的。如果满足条件即可执行，编程时可以使用if语句的单分支结构。

项目名称 **去发热门诊**

文件路径 第4章 \ 案例 \ 项目1 去发热门诊.cpp

医院入口处，有护士对患者测量体温，当测温枪测到的温度超过36.8℃时，患者就会被引导至分诊室，再一次测量腋下体温，如果腋温≥37.3℃，则为发热患者，必须去发热门诊。请你编程实现分诊功能，输入温度值，屏幕显示“请去发热门诊”。

项目准备

1. 提出问题

温度是数值，题目中需要把温度值和37.3进行比较，以便确定程序如何执行，因此，首先要思考如下问题。

(1) 如何进行两个数的比较?

(2) 单分支结构的格式是什么样的?

2. 相关知识

关系运算符

在C++语言中，要实现两个值的比较，必须使用关系运算符。有以下常见的关系运算符。

小于	小于等于	大于	大于等于	等于	不等于
<	<=	>	>=	==	!=

单分支结构的if语句格式

格式1：if(条件表达式)
　　　　语句1;

功能：当条件成立即表达式值为真时，执行“语句1”，否则跳过“语句1”，执行余下的语句。

其中，条件表达式必须使用括号括起来。流程图如下。

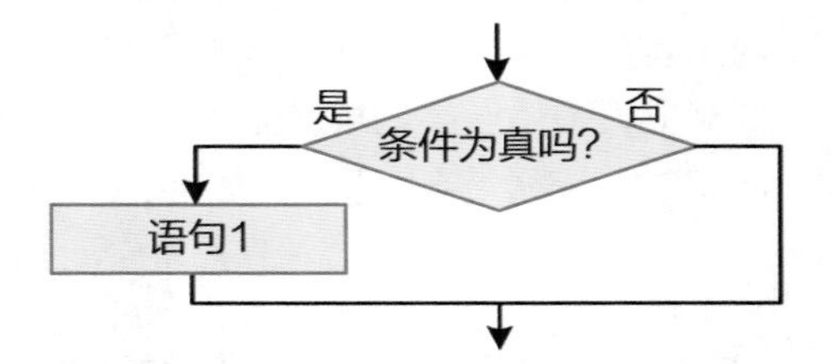

项目规划

1. 思路分析

把测得的温度值和37.3进行比较，如果大于或等于37.3，则输出“请去发热门诊”。

2. 算法设计

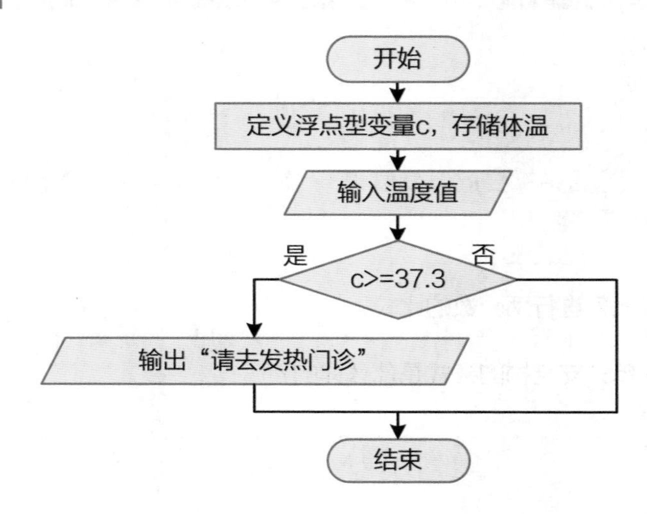

项目实施

1. 编程实现

项目1　去发热门诊.cpp

```
1  #include<iostream>
2  using namespace std;
3  int main() {
4      float c;                  // 定义浮点类型变量
5      cin>>c;                   // 输入温度值
6      if(c>=37.3)               // 比较判断
7          cout<<"请去发热门诊"; // 输出“请去发热门诊”
8  }
```

2. 调试运行

```
38
请去发热门诊
```

输出结果说明：38大于37.3，所以屏幕显示“请去发热门诊”。

测一测　请多次运行程序，输入不同的温度值，并将输出的结果填写在相应的表格内。

序号	输入数据	输出数据
1	37.8	
2	36.1	
3	37.3	

想一想　通过观察上面的输出数据，你有新的发现吗？请写在下面的方框中。

项目支持

1. 关系表达式

计算机程序中表达式都有运算结果，如果要比较两个表达式的结果，就必须使用关系运算符把两个表达式连接起来。用关系运算符将两个表达式连接起来，就构成了关系表达式。如38>37、(3+4)>(10−2)、(a=3)<=(b=5)、'a'>='b'、(a>b)= =(b>c)等。

关系表达式的值有真有假，如3<4的结果为真，(3+4)>(10−2)的结果为假。通常情况下用1表示真，用0表示假。另外，C++语言中规定0表示假，非零即为真。

2. 运算优先顺序

表达式在运算过程中有先后顺序，如算术运算优先于关系运算，关系运算优先于赋值运算。所以关系表达式“(3+4)>(10-2)”的运算结果和表达式“3+4>10-2”的运算结果是一样的。但是关系表达式“(a=3)<=(b=5)”中的括号不能去掉。表达式“a=3<=b=5”是错误的。调试下面的程序可以验证上述结论。

```
#include<iostream>
using namespace std;
int main() {
    int a,b;
    a=3+4>10-2;
    b=(3+4)>(10-2);
    cout<<a<<endl;
    cout<<b<<endl;
    return 0;
}
```

项目提升

1. 程序解读

第4行：定义浮点类型变量c，用于存储体温。

第6行：判断条件为c是否大于或等于37.3。

第7行：输出字符串。

2. 注意事项

第6行行尾一定不能加分号，因为if语句还没有结束。第6行和第7行可以在同一行。

```
if(c>=37.3)  cout<<"请去发热门诊";
```

项目拓展

1. 阅读程序写结果

阅读下面的程序段，思考程序运行过程，在下面的横线上填写最终的运行结果。

```
1  #include<iostream>
2  using namespace std;
3  int main()
4  {
5      int x;
6      cin>>x;              // 输入整数
7      if(x>50)x=x-10;      // 判断是否大于 50，如为真，则计算
8      cout<<x<<endl;
9  }
```

输入：65　　　　　　　　　　运行结果：________________

2. 改错题

通常情况下，水的温度低于0℃就会结冰。在下面的程序中获得温度传感器的值为f，如果f<0，则会出现结冰现象。其中标出的地方有错误，快来改正吧！

```
1  #include<iostream>
2  using namespace std;
3  int main()
4  {
5      float f;                 // 定义浮点型变量f
6      cin<<f;                  // 输入水温              ❶
7      if(f<0);                 // 判断水温是否为0℃以下   ❷
8       cout<<"ice"<<endl;      // 出现结冰现象
9  }
```

错误❶：________________ 错误❷：________________

3. 填空题

输入整数n，如果为偶数，则输出“偶数”。请把以下横线上空白处填写完整，使其具有此功能。

```
1  #include<iostream>
2  using namespace std;
3  int main()
4  {
5      ___❶___;                 // 定义变量n为整型
6      cin>>n;
7      if(___❷___)              // 判断x是否能被2整除
8      cout<<"偶数"<<endl;
9  }
```

填空❶：________________ 填空 ❷：________________

4. 编程题

输入一个整数，判断是不是5的倍数，若是，就输出“yes”。提示：判断是不是5的倍数，可使用if(n%5==0)进行判断。

4.1.2 if-else语句

分支结构中条件判断有真和假两个结果，如果为真会执行一条语句，而为假会执行另外一条语句。这种“二选一”的程序结构被称为双分支结构。

项目名称 **测量血压**

文件路径 第4章\案例\项目2 测量血压.cpp

血压的常用单位是mmHg。正常人血压范围收缩压(俗称高压)为90～140mmHg，

舒张压(俗称低压)为60～90mmHg。编程实现，输入收缩压和舒张压的数值，判断是否为正常血压。屏幕显示“血压正常”或者“血压异常，请休息一会，再来测量”。

项目准备

1. 提出问题

当高压和低压均正常时，才说明血压正常，需要两个条件同时满足。判断的结果有两种：血压正常和血压异常。所以，先思考如下问题。

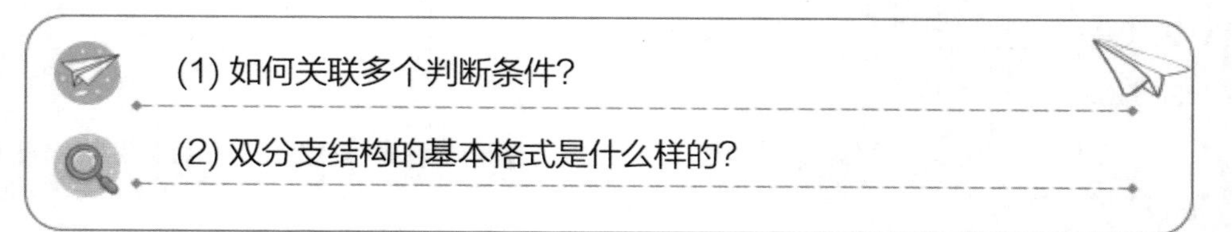

2. 相关知识

高血压判断标准

世界卫生组织规定的血压标准，正常血压是指收缩压<120mmHg，舒张压<80mmHg。正常高值是指收缩压为120～139mmHg，舒张压为80～89mmHg。如果经过多次测量，收缩压≥140mmHg，舒张压≥90mmHg，则界定为高血压。如果收缩压<90mmHg，舒张压<60mmHg，常常被视为非正常血压。

if-else语句格式

```
格式1：if(条件表达式)
          语句1；
       else
          语句2；
```

功能：当条件成立即表达式值为真时，执行“语句1”，否则(条件不成立)执行else后面的“语句2”。

其流程图如下。

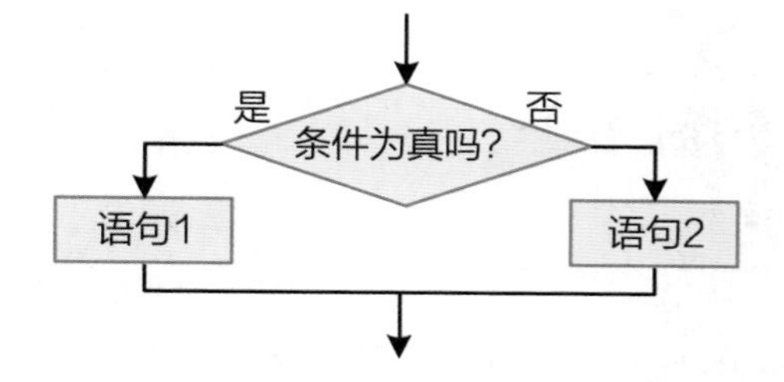

项目规划

1. 思路分析

输入两个血压值，判断高压值是否满足正常血压条件，再判断低压值是否满足正常血压条件，只有两个条件都满足，才说明患者血压正常。

2. 算法设计

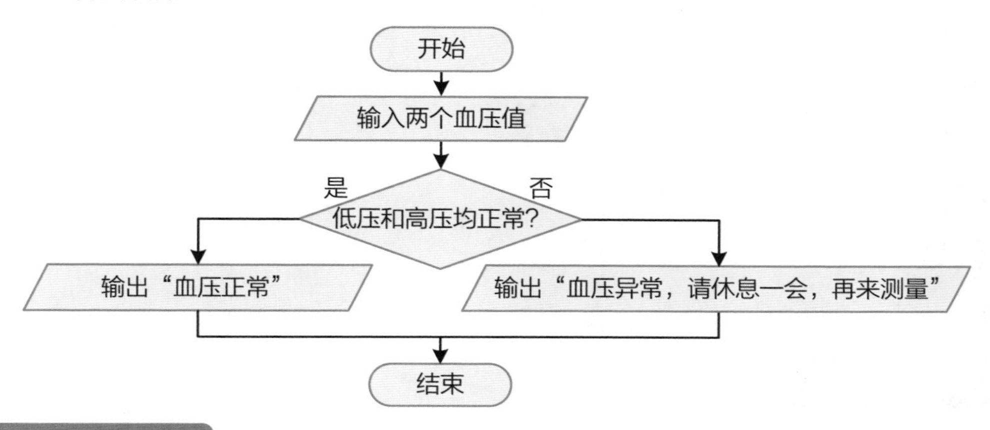

项目实施

1. 编程实现

项目2　测量血压. cpp

```
1  #include "iostream"
2  using namespace std;
3  int main() {
4      int g,d;
5      cout<<"请输入高压值：";                    // 提示输入高压值
6      cin>>g;                                    // 输入高压值
7      cout<<"请输入低压值：";
8      cin>>d;                                    // 输入低压值
9      if((g>=90&&g<140)&&(d>=60&&d<90))          // 判断高低压值是否正常
10      cout<<"血压正常"<<endl;
11     else
12      cout<<"血压异常，请休息一会，再来测量"<<endl;
13     return 0;
14 }
```

2. 调试运行

输出结果说明：高压100，低压85，均正常，所以输出“血压正常”。

测一测　多次运行程序，输入不同的血压值，并将输出的结果填写在相应的表格内。

序号	输入高压 g	输入低压 d	输出结果
1	120	90	
2	140	80	
3			

想一想　医生给患者测量血压时，为什么要测量多次？请将你的想法写在下面的方框中。

项目支持

1. 逻辑运算符

C++语言提供3种逻辑运算符。

逻辑与	逻辑或	逻辑非
&&	||	!

(1) 逻辑与(&&)

当表达式进行逻辑与(&&)运算时，当且仅当两个条件表达式的值都为“真(true)”时，整个表达式的值才为真，否则只要一个条件为“假(false)”，整个表达式的值就为假。

(2) 逻辑或(||)

当表达式进行逻辑或(||)运算时，两个条件表达式中，只要一个条件为“真(true)”，整个表达式的值就为真，只有两个条件都为“假(false)”，整个表达式的值才为假。

(3) 逻辑非(!)

当表达式进行逻辑非(!)运算时，非真即假，非假即真。

2. 逻辑运算规则

C++语言中，用1表示真，用0表示假，逻辑运算规则如下。

a 的值	!a	b 的值	!b	a&&b	a||b
1	0	1	0	1	1
1	0	0	1	0	1
0	1	1	0	0	1
0	1	0	1	0	0

3. 逻辑运算符的优先次序

逻辑非的优先级最高，逻辑与次之，逻辑或最低，即！> && > ||。

与其他种类运算符的优先关系如下。

！>算术运算>关系运算>&&>||>赋值运算

项目提升

1. 程序解读

第9行：判断两种血压是否正常。

第11行和第12行：执行不满足条件的分支语句。

2. 注意事项

第9行中的条件表达式加了括号，增加了程序的可读性。但也可以这么写：g>=90&&g<140&&d>=60&&d<90。这是因为其中逻辑运算关系相同，运算顺序从左至右。

第11行中的else是保留字，由于分支语句没有结束，所以不能在行尾加分号。

项目拓展

1. 阅读程序写结果

阅读下面的程序段，假设输入不同的整数n，判断程序如何执行。请把程序的运行结果写在相应的横线上。

```
1  #include<iostream>
2  using namespace std;
3  int main()
4  {
5      int n;
6      cin>>n;
7      if(n==5)n++;             // 执行条件为真的分支语句
8      else n--;                // 执行条件为假的分支语句
9      cout<<"n="<<n<<endl;
10 }
```

输入：5　　　　　　　　　　　输入：6

运行结果：________________　　运行结果：________________

2. 改错题

下面这段程序用来判断一个整数的个位是否为5，如5、15、25、125……如果个位是5，输出yes；否则，输出no。其中标出的地方有错误，快来改正吧！

```
1  #include<iostream>
2  using namespace std;
3  int main()
4  {
5      int n;
6      cin>>n;                     // 输入整数
7      if(n%10=5)                  // 判断n的个位是否为5       ❶
8          cout<<"yes";
9      else;                       // 执行条件为假的分支语句   ❷
10         cout<<"no";
11 }
```

错误❶：__________ 错误❷：__________

3. 填空题

输入两个整数a和b，要求从小到大输出。请把以下横线上空白处填写完整，使其具有此功能。

```
1  #include<iostream>
2  using namespace std;
3  int main()
4  {
5      int a,b,t;
6      cin>>a>>b;                  // 输入两个数
7      if( ❶ )                     // 判断a是否小于b
8       cout<<a<<"  "<<b;          // 如a小于b，直接输出a和b
9      else
10      {
11      t=a; __❷__;__❸__;          // 否则，交换a和b的值
12      cout<<a<<"  "<<b;
13      }
14 }
```

填空❶：__________ 填空❷：__________ 填空❸：__________

4. 编程题

有些整数满足条件：能被4整除，但不能被100整除。输入2000以内的一个正整数，如果满足条件，输出yes；否则，输出no。试编程实现判断过程。

4.2 复杂分支结构

程序设计过程中，往往有多种情况供选择，仅用一条if-else语句可能无法解决问题，这时我们考虑使用多分支结构。C++语言中可以使用if语句嵌套和switch语句实现多分支结构。

4.2.1　if语句嵌套

所谓if语句嵌套是指在if-else分支中还存在if-else语句。当处理多个分支的选择语句时，分支越多，嵌套的if语句层次就越多。

项目名称　**划分医院级别**

文件路径　第4章\案例\项目3　划分医院级别.cpp

根据医院的不同规模，人们把医院分为3个级别。医院拥有的病床数是首要指标。病床数在100张以下确定为一级医院；500张以下、100张以上确定为二级医院；500张以上确定为三级医院。编程实现，输入病床数目，判断该医院级别。

项目准备

1. 提出问题

多个判断条件，每个条件都对应判断结果，应使用多分支结构完成。因此要思考如下问题。

(1) 如何确定条件表达式?

(2) 多分支结构的基本格式是什么样的?

2. 相关知识

医院分级标准

分级	病床数要求	数学表达式
一级医院	病床数在100张以内，包括100张	c<=100
二级医院	病床数在101～500张	101<=c<=500
三级医院	病床数在500张以上	c>500

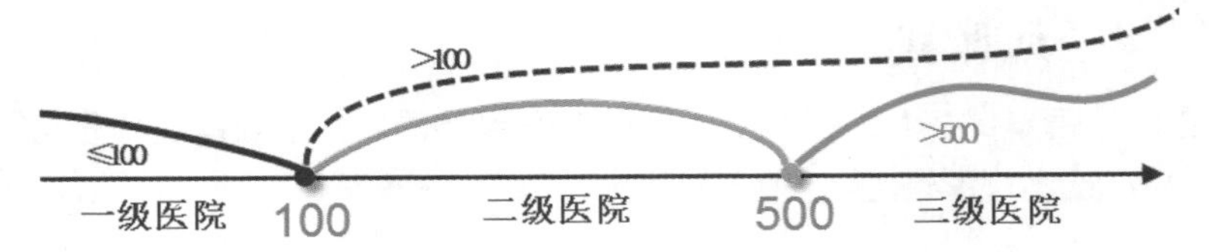

if语句嵌套格式

```
基本格式：if(条件表达式1)
            语句1;
         else
             if(条件表达式2)
                 语句2;
             else
                 语句3;
```

功能：通过判断两个条件表达式的值，完成了三条语句任选其一的功能。

常见if语句嵌套格式的流程图如下。

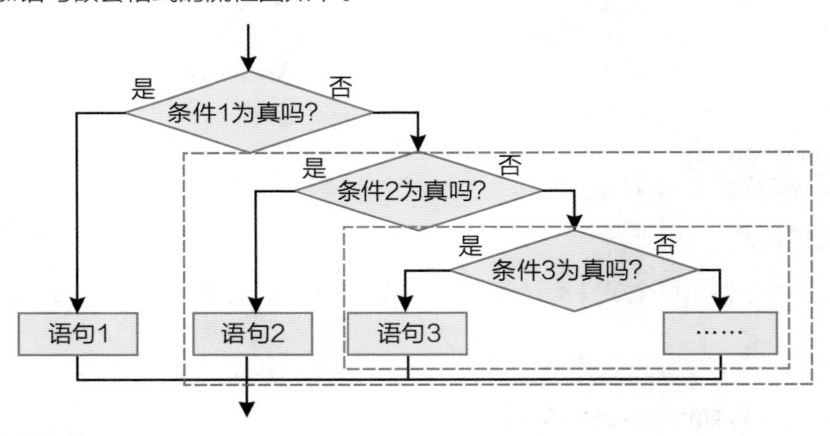

项目规划

1. 思路分析

首先要判断条件表达式1：如c<=100为真，则表示一级；否则，即是在c>100的情况下。在c>100情况下分两类，此时需要判断条件表达式2：如c<=500为真，则表示二级；否则，即表示三级。

2. 算法设计

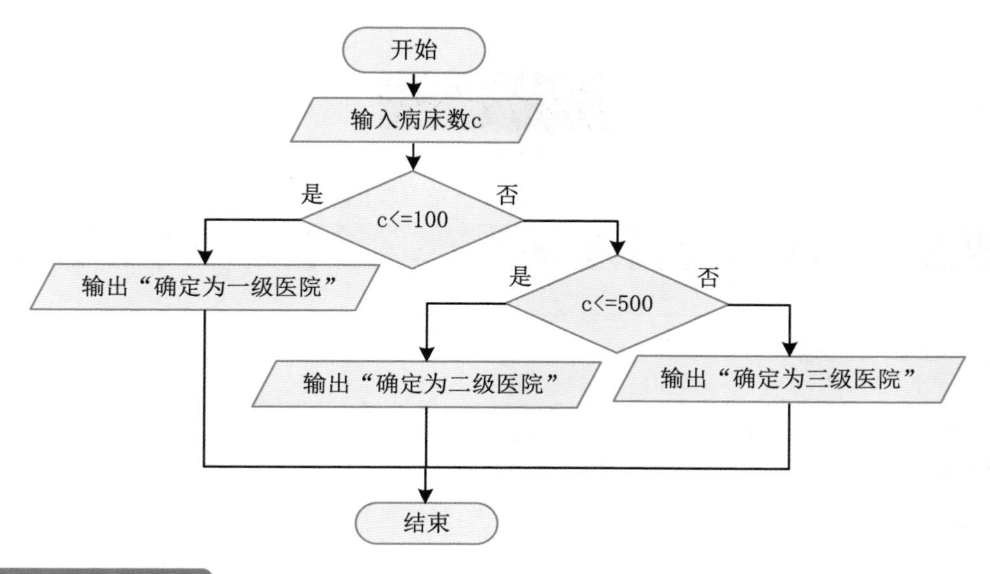

项目实施

1. 编程实现

项目3　划分医院级别. cpp

```
1  #include "iostream"
2  using namespace std;
3  int main() {
4      int c;
5      cout<<"请输入医院床位数：";
6      cin>>c;
7      if(c<=100)                              // 条件表达式1
8        cout<<"确定为一级医院"<<endl;           // 语句1
9      else                                    // c>100的情况
10       if(c<=500)                            // 条件表达式2
11         cout<<"确定为二级医院"<<endl;         // 语句2
12       else                                  // c>500 的情况
13         cout<<"确定为三级医院"<<endl;         // 语句3
14     return 0;
15 }
```

2. 调试运行

通过键盘输入数据：520，则输出结果如下。

```
请输入床位数：520
确定为三级医院
```

输出结果说明：床位数符合三级医院的标准。

测一测　多次运行程序，输入不同的整数，并将输出的结果填写在相应的表格内。

序号	床位数 c	输出结果
1	120	
2	89	
3	500	

想一想　阅读程序，思考哪一部分嵌套了if-else语句呢？请将你的想法写在下面的方框中。

项目提升

1. 程序解读

第7行：判断条件表达式1，满足条件即为一级。

第9行：满足二级或三级标准情况。

第10行：判断条件表达式2，通过此条件判断，区分二级和三级。

2. 注意事项

if-else语句中嵌套的if-else语句必须再缩进，if和else两个保留字最好对齐缩进，这样有利于区分层次关系。

3. 程序改进

此程序有三个分支，有两个判断结点(100和500)。能不能从结点500开始判断呢？可以修改程序如下。

```
#include "iostream"
using namespace std;
int main() {
    int c;
    cout<<"请输入床位数：";
    cin>>c;
    if(c>500)
      cout<<"确定为三级医院"<<endl;
    else
      if(c>100)
         cout<<"确定为二级医院"<<endl;
      else
         cout<<"确定为一级医院"<<endl;
    return 0;
}
```

项目拓展

1. 阅读程序写结果

阅读下面的程序段，输入不同的整数x，请把程序的运行结果写在相应的横线上。

```
1   #include<iostream>
2   using namespace std;
3   int main() {
4       int x;
5       cin>>x;
6       if(x==5)x=x+1;          // 判断x是否等于5
7       else                    // 以下是不等于5的情况
8           if(x>5)x=x+2;       // 判断x是否大于5
9           else x=x+3;         // 小于5的情况
10      cout<<"x="<<x;
11  }
```

输入：6　　运行结果：________________

输入：10　运行结果：________________

输入：4　　运行结果：________________

2. 改错题

某商场羽绒服做打折促销的活动，羽绒服原价每件680元，现规定：一次购买1件，打9折；2件打8折；3件(含3件)以上打7.5折。输入购买的衣服件数，输出商场实际收费数目。其中标出的地方有错误，快来改正吧！

```
1  #include<iostream>
2  using namespace std;
3  int main() {
4      float x,y;
5      cin>>x;                    // 输入购买衣服的件数
6      if(x==1)                   // 如果购买1件
7          y=680*0.9;
8      else if(x==2);             // 如果购买2件          ❶
9          y=680*0.8*2;           // 计算2件衣服的价格
10     else                       // 如果购买3件及以上
11         y=680*0.75*3;          // 计算x件衣服的价格    ❷
12     cout<<"  y="<<y;
13 }
```

错误❶：________________ 错误❷：________________

3. 填空题

某项收费规定：如果距离x超过500km，付费150元；当300<x<=500时，付费100元；当100<x<=300时，付费50元；当x<=100时，不用付费。请把以下横线上空白处填写完整，使其具有此功能。

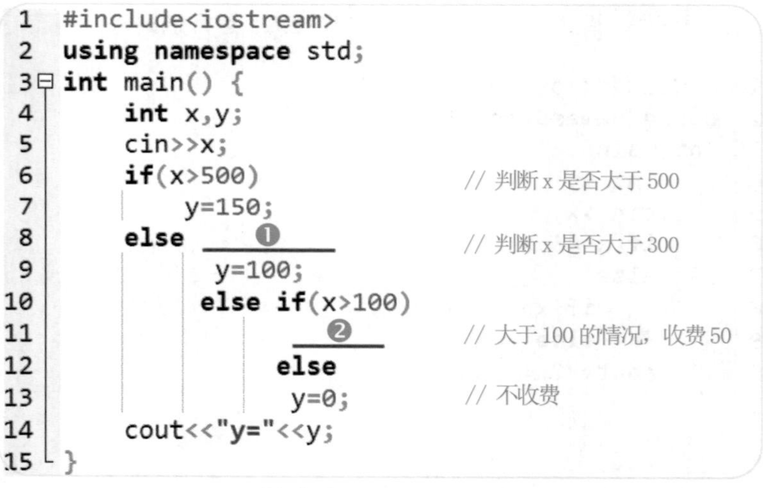

```
1  #include<iostream>
2  using namespace std;
3  int main() {
4      int x,y;
5      cin>>x;
6      if(x>500)                  // 判断x是否大于500
7          y=150;
8      else ____❶____             // 判断x是否大于300
9          y=100;
10         else if(x>100)
11             ____❷____          // 大于100的情况，收费50
12             else
13             y=0;               // 不收费
14     cout<<"y="<<y;
15 }
```

填空❶：________________ 填空❷：________________

4. 编程题

打车的计价方案为：2公里以内起步价是6元；超过2公里之后，超出部分按1.8元/公里计价；超过10公里之后，超出部分在1.8元/公里的基础上加价50%。另外，停车等候按时间计费：1元/3分钟(不满3分钟不计费)。根据本节课学习的知识，试编程，输入行驶公里数n和等待时间m，计算需要支付的打车费用。

例如，输入：7 3，则输出：s=16。

4.2.2　switch语句

当处理多个分支时，如果使用if-else语句嵌套结构，分支就会很多。嵌套的if语句层次越多，程序就越复杂、凌乱。庆幸的是，C++提供了一个专门用于处理多分支结构条件的switch语句，有利于精简程序。

项目名称　**值班医生**

文件路径　第4章 \ 案例 \ 项目4　值班医生.cpp

专家门诊有七位专家，每人坐诊一天。工作人员为了方便患者查询，使用电子屏显示坐诊专家的姓名和出诊时间。请你编写一段程序，实现功能：按下代表星期的编号开关，显示相应的星期和专家。

专　星期三　孙医生

项目准备

1. 提出问题

七位专家正好对应7天，这里有7个分支供选择，如果采用if-else语句嵌套实现多分支结构，整体结构和层次太乱，这里采用switch语句。因此首先要思考如下问题。

(1) 如何对星期进行编号？

(2) switch语句的基本格式是什么样的？

2. 相关知识

星期的编号

如果把星期一作为一周的第一天，则每天的编号如下。

编号	星期
1	星期一
2	星期二
3	星期三
4	星期四
5	星期五
6	星期六
7	星期日

switch语句格式

switch语句一般格式如下。

```
格式：switch(表达式)
      {
          case 值1：语句序列1；(break;)
          case 值2：语句序列2；(break;)
          ……
          case 值n：语句序列n；(break;)
          default：语句序列n+1；
      }
```

说明：如果执行break语句，则跳出switch语句；如果省略break语句，则会直接执行下一个case语句。

执行过程如下。

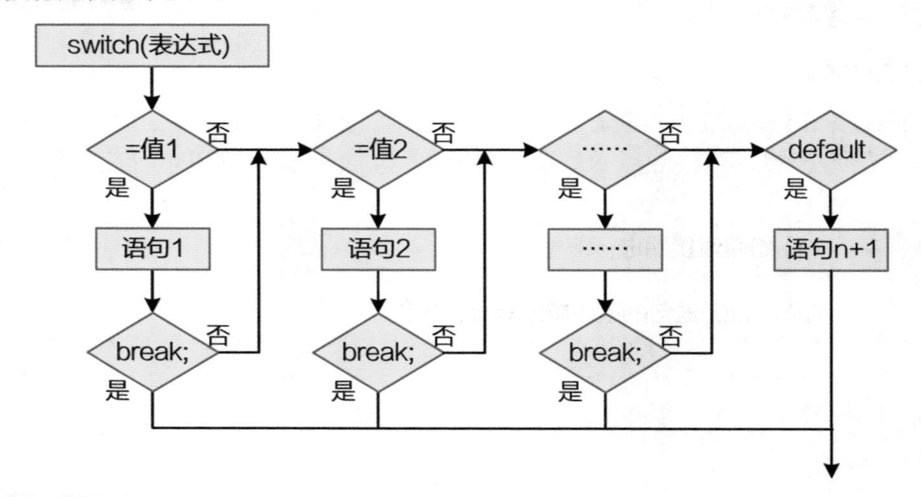

项目规划

1. 思路分析

输入的编号有7种，对应的分支有7支。如果使用if-else语句嵌套，需要多次判断，以至于嵌套层次太多，程序太烦琐。所以使用switch语句，根据编号确定相应的case语句，简洁明了。

2. 算法设计

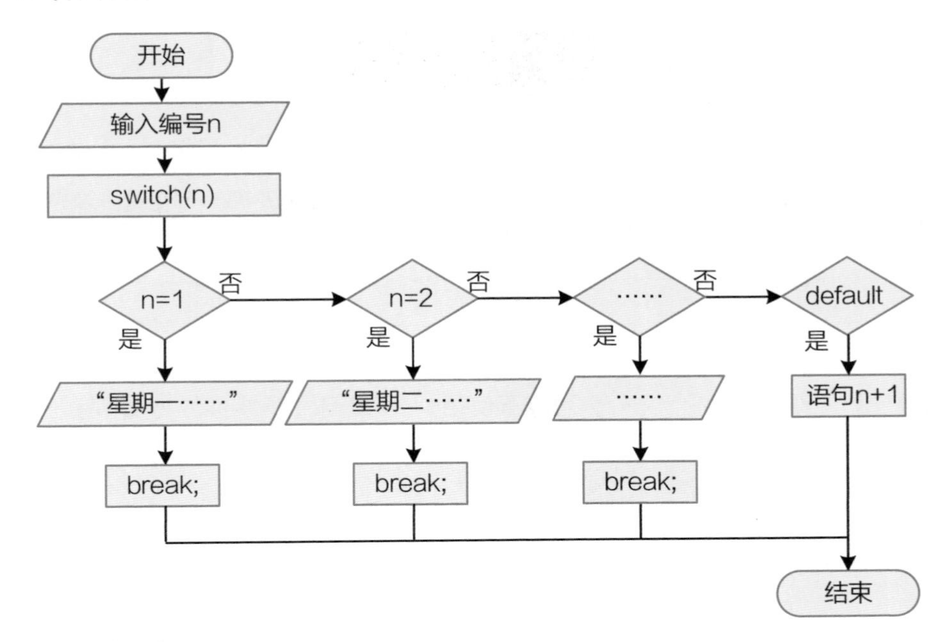

项目实施

1. 编程实现

项目4　值班医生.cpp

```
1  #include<iostream>
2  using namespace std;
3  int main(){
4      int n;
5      cout<<"请输入星期的编号：";                    // 提示输入编号
6      cin>>n;                                        // 输入编号
7      switch(n){                                     // 执行开关语句
8          case 1: cout<<"星期一 李医生" <<endl; break;
9          case 2: cout<<"星期二 张医生" <<endl; break;
10         case 3: cout<<"星期三 孙医生" <<endl; break;
11         case 4: cout<<"星期四 叶医生" <<endl; break;
12         case 5: cout<<"星期五 华医生" <<endl; break;
13         case 6: cout<<"星期六 葛医生" <<endl; break;
14         case 7: cout<<"星期日 宋医生" <<endl; break;
15         default:cout<<"你的输入有误！"<<endl;
16     }
17     return 0;
18 }
```

2. 调试运行

```
请输入星期的编号：3
星期三 孙医生
```

输出结果说明：星期三孙医生坐诊。

测一测 多次运行程序，输入不同的编号，并将输出的结果填写在相应的表格内。

序号	输入编号 n	输出结果
1	0	
2	1	
3		

想一想 在第15行中，为什么可以不使用break语句？请将你的想法写在下面的方框中。

项目支持

1. switch语句特点

(1) 每个case或default后，可以包含多条语句，不需要使用“{}”括起来。每个case后面的语句，可以写在冒号后的同一行，也可以换到新行写。

(2) 各case和default语句的先后顺序可以变动，不会影响程序执行结果。

(3) 每个case分支中，冒号后的语句可以为空。

2. switch语句使用规则

在使用switch语句时，具体使用规则如下。

(1) switch语句后面括号内的表达式，其值只能是整型(含字符型和布尔型等)，表达式的值相当于case语句的编号。

(2) 每一个case语句后的各常量表达式的值必须互不相同，否则会出错。

3. break语句

在使用switch语句时，当执行完某个case后的一组语句序列后，就结束整个语句的执行，可通过使用break语句来实现。break是一条跳转语句，在switch中执行到它时，将结束该switch语句，程序接着向下执行其他语句。

项目提升

1. 程序解读

第7行：执行switch开关语句，其中表达式为变量n。
第8～14行： 是case语句，其后不同的编号代表不同的case入口。
第15行：表示除上述case之外的其他所有情况。

2. 注意事项

(1) 每个case后都跟一个常量值和一个冒号。
(2) 第15行，default语句最好不要省略。

项目拓展

1. 阅读程序写结果

阅读下面的程序段，假设输入不同的整数m和n，判断程序如何运行。请把程序的运行结果写在相应的横线上。

```
1  #include<iostream>
2  using namespace std;
3  int main()
4  {
5      int m,n,s;
6      cin>>m>>n;              // 输入m，n的值
7      switch(n)
8      {
9      case 0:s=1;break;      // 如果n为0，则执行s=1,跳出
10     case 1:s=m;break;
11     case 2:s=m+m;break;
12     case 3:s=m+m+m;break;
13     case 4:s=m+m+m+m;break;
14     default:s=-1;
15     }
16    cout<<s;
17 }
```

输入：5　4　　　　　　　　输入：10　3
运行结果：________　　　　运行结果：________

2. 改错题

下面这段代码用来判断2019年某个月份的天数，其中标出的地方有错误，快来改正吧！

```
1  #include<iostream>
2  using namespace std;
3  int main()
4  {
5      int month,day;
6      cin>>month;              // 输入整数月份
7      switch(month);           // 判断月份的天数 ❶
8      {
9      case 2:day=28;break;  // 如果是2月份，则输出28
10     case 4:
11     case 6:
12     case 9:
13     case 11:day=30;break;
14     default:day=30;  ❷
15     }
16    cout<<day;
17 }
```

错误❶：________ 错误❷：________

3. 填空题

指南针上有4个字母，表示4个方向。下面的程序可以实现功能：输入字母，输出方向汉字。请把以下横线上空白处填写完整，使其具有此功能。

```
1  #include<iostream>
2  using namespace std;
3  int main(){
4      char f;
5      cout<<"请输入代表方向的大写字母：";
6      cin>>f;
7      switch(❶){
8          case 'E': cout<<"❷"; break;
9          case 'W': cout<<"西"; break;
10         case 'S': cout<<"南"; break;
11         case 'N': cout<<"北"; break;
12         ___❸___:cout<<"你的输入有误！"<<endl;
13     }
14     return 0;
15 }
```

填空❶：________ 填空❷：________ 填空❸：________

4. 编程题

方舟小学规定，学生通知书上的成绩只能以等级呈现。如果成绩在90分(含90分)以上，等级为“A”；成绩为70～89分，等级为“B”；成绩为60～69分，等级为“C”；成绩在60分以下，等级为“D”。若人工折算太麻烦，试编写一个程序，输入一个成绩，输出等级。

例如，输入：89，则输出：B。

第 5 章

循环结构

钟表指针一圈一圈地转动；太阳每天东升西落；每周从周一到周日，周而复始；春夏秋冬四季轮回；体育课上齐步走时喊的口令：121、121、121；等等。生活中经常会遇到一些有规律的重复的现象，如果用计算机编程来描述这些现象，就要用到循环结构。

前面学习了顺序结构和选择结构的程序设计，在实际应用中还需要掌握循环结构的程序设计。C++ 提供了以下几种循环结构，即 for 循环、while 循环、do while 循环和循环嵌套。让我们一起开始行动吧！

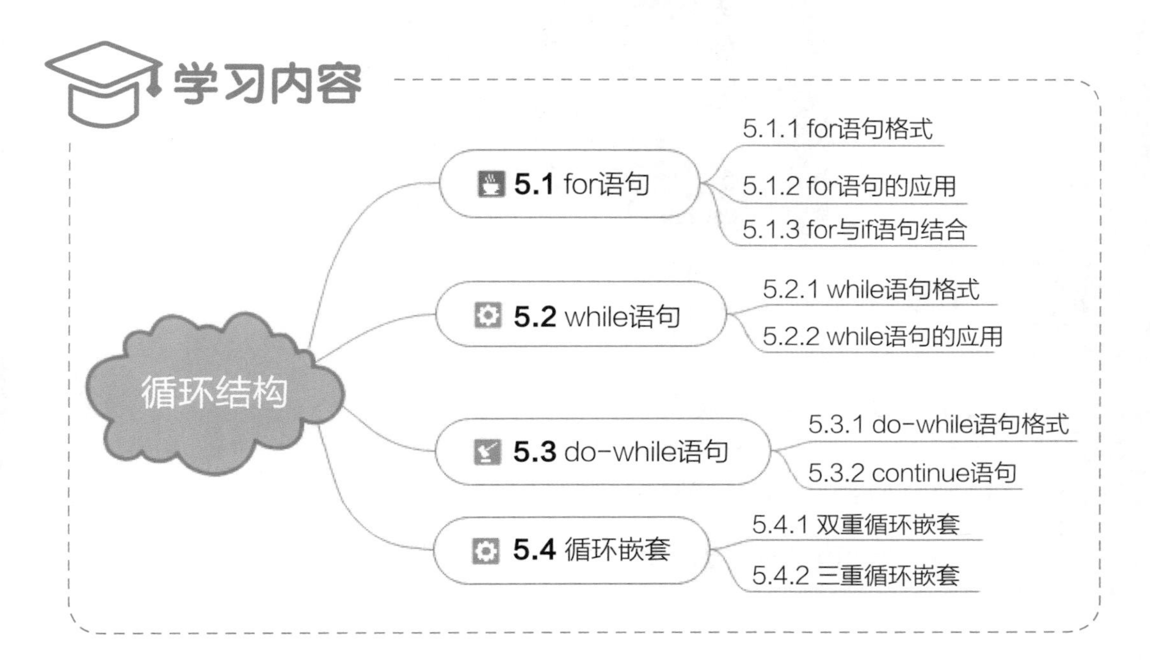

5.1 for 语句

在日常生活中，与人见面打声招呼说句“你好”，这是再寻常不过的问候了，但如果让人重复说几百次、几千次“你好”，人们可能就要疯了。但编程时可以使用for语句让计算机做重复的事情。

5.1.1 for语句格式

在C++语言中，使用for循环结构来表示重复、循环问题的解决过程。对于使循环条件成立的每一个循环变量的取值，都要执行一次循环体。

项目名称 **不停的问候**

文件路径 第5章\案例\项目1 不停的问候.cpp

一些商店中常常安装迎宾门铃，当有人进入店铺就开始播放：“你好，欢迎光临！”提醒店主有人来了，这是一种利用红外线、热释电原理感应人体活动信息的技术。试编写一个程序，让计算机连续输出10次“你好，欢迎光临！”。

项目准备

1. 提出问题

要想让计算机实现不停的问候，首先要思考如下问题。

(1) 如何让计算机重复输出相同的内容?

(2) for语句的格式是什么样的?

2. 相关知识

循环结构

反复执行同样的操作，就是循环的思想，应用循环思想编写的程序，就是循环结构程序。循环结构和顺序结构、选择结构一起构成了结构化程序设计的基本结构。为了表现循环思想，C++提供了for、while、do-while三种不同格式的循环语句。

for语句格式

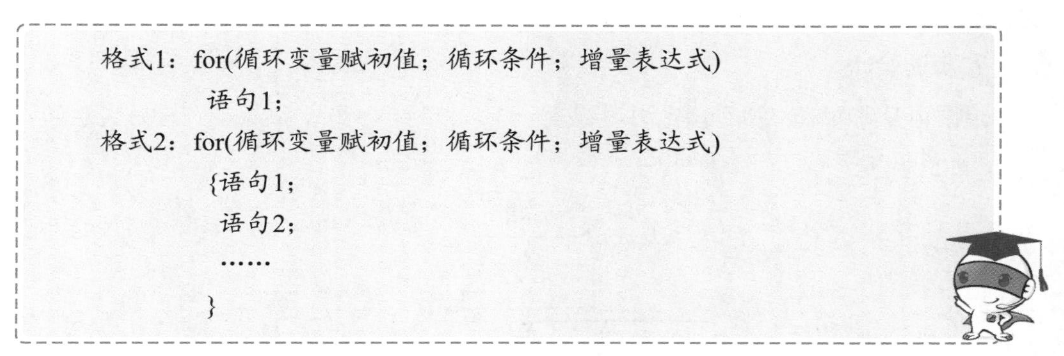

```
格式1：for(循环变量赋初值；循环条件；增量表达式)
          语句1;
格式2：for(循环变量赋初值；循环条件；增量表达式)
          {语句1;
           语句2;
           ……
          }
```

for循环语句的执行过程可以描述如下。

(1) 为循环变量赋初值；

(2) 判断循环条件是否成立(非0)，如果为真，执行循环体内的语句；如果为假，直接跳转到第(5)步；

(3) 执行循环变量增量或减量语句；

(4) 跳转到第(2)步；

(5) 循环结束，执行for循环语句的下一条语句。

格式1中的“语句1”和格式2中的“语句1；语句2；……”都是要重复执行的内容，即for语句的循环体。

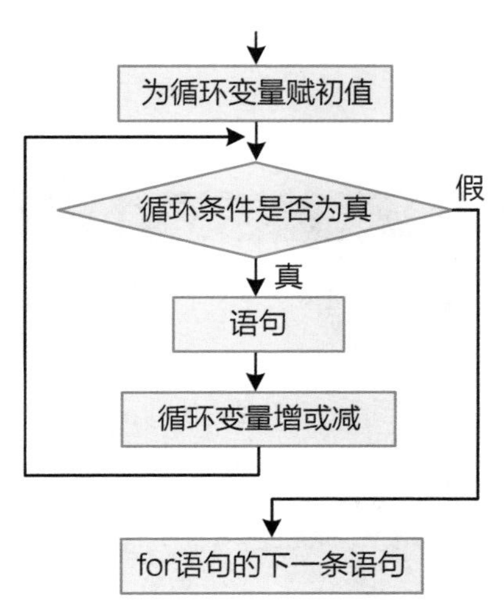

项目规划

1. 思路分析

输出10次“你好，欢迎光临！”，可以通过复制、粘贴的方式写10遍cout<<“你好，欢迎光临！”。但如果输出几百次、几千次或几万次，这种方式显然不行，我们可以使用for循环语句，通过设定循环变量的初值、循环条件、增量表达式来指定输出的次数。

2. 算法设计

给循环变量i赋值，判断i是否小于或等于10，如果i<=10，就输出“你好，欢迎光临！”，如此重复执行，直至结束。

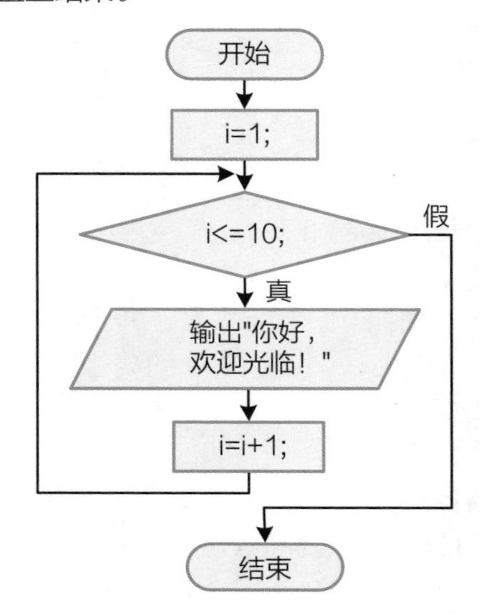

项目实施

1. 编程实现

项目1　不停的问候.cpp

```
1  #include<iostream>
2  using namespace std;
3  int main()
4  {
5      int i;
6      cout<<endl;
7      for(i=1;i<=10;i++)                    // 循环 10 次
8          cout<<" 你好，欢迎光临！\n";     // 输出问候
9      return 0;
10 }
```

2. 调试运行

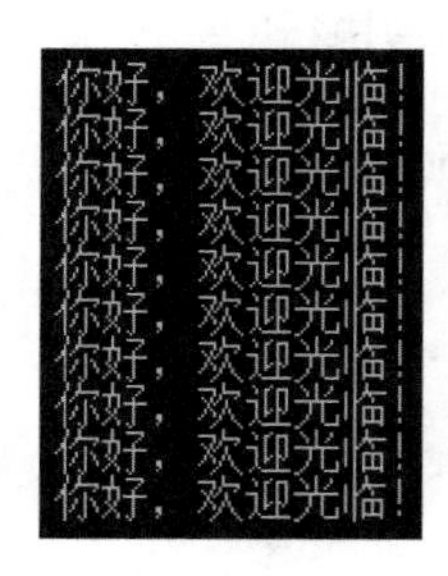

项目提升

本程序中，如果要输出100次“你好，欢迎光临！”，只需要将循环变量i<=10修改为i<=100即可；如果要输出5000次，只需要将i<=10修改为i<=5000，可见使用for循环解决重复问题是非常方便的。“\n”是换行符，相当于“cout<<endl”。

5.1.2　for语句的应用

在C++语言中，for循环语句的应用非常灵活，常常用于解决循环次数确定的问题，例如求1~100中所有整数的和，需要进行100次加法运算。

项目名称　**和高斯比速度**

文件路径　第5章 \ 案例 \ 项目2　和高斯比速度.cpp

德国数学王子高斯，小时候就有很高的数学天赋。一次数学课上，老师让同学们计算1～100中所有整数的和，老师刚叙述完题目，高斯就算出了正确答案。皮皮鲁想通过编程，让计算机快速计算出1～100中所有偶数的和，和高斯比一比速度。

1+2+3+4+…+97+98+99+100=？
高斯答：
1+2+3+4+…+97+98+99+100=

1+100=101
2+ 99=101
3+ 97=101
…
50+ 51=101
101×50=5050

高斯（1777——1855），德国数学家、物理学家和天文学家，他和牛顿、阿基米德，被誉为有史以来的三大数学家。有“数学王子”之称。

项目准备

1. 提出问题

要计算1～100中所有偶数的和，首先要思考如下问题。

(1) 在求解过程中，重复执行的操作是什么？

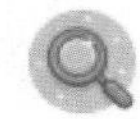

(2) 如何用语句表示重复执行的操作？

2. 相关知识

重复执行的是加法操作，这里引入累加的概念来解决重复求和的问题。假设用变量sum存放偶数的和，sum的初始值为0；累加就是在sum的基础上，加上一个数字，改变累加变量sum的值；再加上一个数字，再改变累加变量sum的值……如此重复下去，直至循环结束。执行语句如下所示。

```
for(i=2;i<=100;i+=2)  // i+=2等同于i=i+2，代表循环变量增量为每次增加2
sum=sum+i;
```

项目规划

1. 思路分析

本题是求1～100中所有偶数的和，即求2+4+6+…+100的和，如果直接累加，就非常麻烦。我们可以使用for循环语句来求和，把s=s+i作为循环体，循环变量i的增量每次递增2。

2. 算法设计

把变量s作为求和的累加器，赋初值为0，运用循环结构让s依次加上2、4…100，最终求出它们的和。

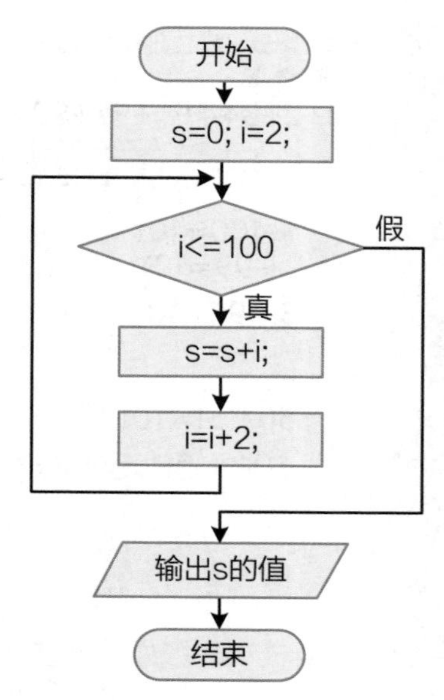

项目实施

1. 编程实现

项目2 和高斯比速度.cpp

```
1  #include<iostream>
2  using namespace std;
3  int main()
4  {
5      int i,sum=0;
6      i=2;                    // 给循环变量赋初值为2
7      for(;i<=100;i+=2)       // 循环变量增量为每次增加2
8          sum=sum+i;
9      cout<<sum<<endl;
10     return 0;
11 }
```

2. 调试运行

测一测 请修改程序，并将输出的结果填写在相应的表格内。

序号	修改第6行语句	修改第7行语句	输出sum的值
1	i=1;	for(;i<=100;i++)	
2	i=100;	for(;i<=100;i--)	
3	i=1;	for(;i<=100;i+=2)	

想一想 以上修改后的程序，分别进行了什么累加运算？请写在下面的方框中。

项目支持

1. for语句增量

for循环中的增量表达式，是用于计算循环变量改变的语句。例如，将控制变量从1

变到100，增量为1，可以写成 for(i=1；i<=100；i++)；将控制变量从100变到1，增量为-1，可以写成 for(i=100；i>=1；i--)；将控制变量从2变到100，增量为2，可以写成 for(i=2；i<=100；i+=2)。

2. for语句其他形式

(1) for(;循环条件;增量表达式)

“循环变量赋初值”可以省略，即在for语句中不设置初值，但“循环变量赋初值”后的分号不能省略。为了能正常执行循环语句，应当在for语句之前给循环变量赋初值。例如:

```
i=2;                    // 提前给循环变量i赋初值
for(;i<=100;i+=2)       // i+=2等同于i=i+2，代表循环变量增量为每次增加2
  sum=sum+i;
```

(2) for(循环变量赋初值; ;增量表达式)

省略“循环条件”，也就是认为循环条件始终满足，此时循环将无终止地进行下去，除非是特殊设计，应当注意避免这样的情况出现。例如:

```
for(i=1; ;i++)
  cout<<i<<endl;
```

(3) for(循环变量赋初值;循环条件;)

省略“增量表达式”，在循环体中使循环变量增值。例如:

```
for(i=1; i<=100;)
  {sum=sum+i;
    i++;          //在循环体中使循环变量增值
  }
```

(4) for(循环变量赋初值;循环条件;增量表达式);

如果在for语句的条件之后直接输入“;”，则认为for语句执行空操作。

项目提升

1. 程序解读

第6行：在for语句前给循环变量i赋初值，由于1~100中的第一个偶数为2，所以给循环变量i赋初值2。

第7行：for语句省略了“循环变量赋初值”，由于相邻的两个偶数的值相差2，增量表达式为i+=2，等同于i=i+2，即循环变量的增值为2。

2. 注意事项

for语句中“循环变量赋初值”可以省略，但“循环变量赋初值”后的分号不能省略。

项目拓展

1. 阅读程序写结果

阅读下面的程序，把程序的运行结果写在相应的横线上。

```
1  #include<iostream>
2  using namespace std;
3  int main()
4  {
5      int i;
6      for(i=1;i<=5;i++)
7         cout<<'*';
8      return 0;
9  }
```

运行结果：________________

2. 填空题

下面这段代码用来输出1～100中所有的整数，请把以下横线上空白处填写完整，使其具有此功能。

```
1  #include<iostream>
2  using namespace std;
3  int main()
4  {
5      int i,s=0;
6      for(i=1; ___❶___ ; ___❷___ )
7         cout<<i<<endl;
8      return 0;
9  }
```

填空❶：________________　　填空❷：________________

3. 编程题

编程计算7+14+21+…+700的和，提示：i=7；i=i+7。

5.1.3　for与if语句结合

前面学习了for循环语句的基本使用方法，我们很容易让计算机输出1～100 中所有的整数，但如何让计算机输出1～100 中所有不能被 3 整除的数呢？就需要使用if语句对变量i的值进行判断，判断i是不是3的倍数，是才能输出。在编程中if与for语句结合使用，可以轻松地解决许多类似的问题。

项目名称 **班级最高分**

文件路径 第5章\案例\项目3　班级最高分.cpp

期中考试刚刚结束，班主任李老师想知道这次考试成绩中的最高分数，由于人数较多，他觉得把这件事情交给学习编程的皮皮鲁来做比较方便。已知n个人的成绩，找出其中的最大数。

项目准备

1. 提出问题

要想找出n个人成绩中的最大数，首先要思考如下问题。

(1) 如何存储n个人的成绩?

(2) 怎样找出n个人成绩中的最大数?

2. 相关知识

由于n的值为变量，数值不确定，因而无法为每个人的成绩都定义一个变量来存储。根据循环结构的思想，输入每个人的成绩为重复的操作，所以可以为输入成绩的操作设计循环结构，在循环体中每输入一个成绩，定义一个存储成绩的变量即可。

为了找出n个人成绩中的最大值，需要对每次输入的成绩进行比较，找出当前成绩的最大值，直至成绩输入结束。对每次输入的成绩进行比较也是重复的操作，需要设计循环结构以简化程序。

项目规划

1. 思路分析

本题是求n个数中最大的数，首先要输入n的值，再依次输入n个成绩，每次输入的成绩都用变量x存储，把每次输入的x和max的值作比较，如果x的值大于max，就将x的值赋给max，直至循环结束，最后输出max的值。

2. 算法设计

max变量用于存放最大的数，赋初值为0，运用循环结构，把每次输入的x和max的值作比较，如果x>max，就把x的值赋给max，最后输出max的值。

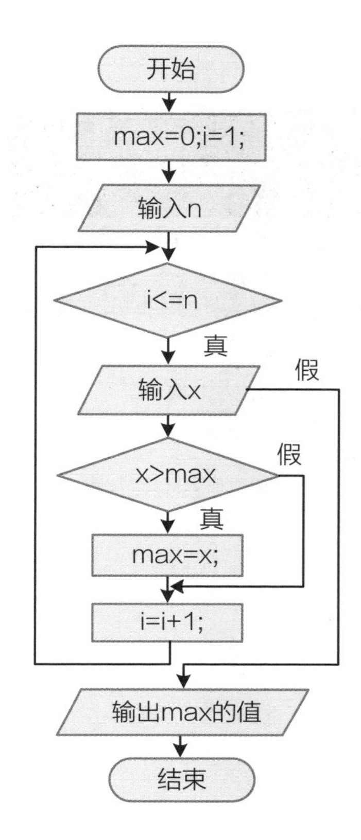

项目实施

1. 编程实现

项目 3　班级最高分. cpp

```
1  #include<iostream>
2  using namespace std;
3  int main()
4  {
5      int i,n;
6      float x,max=0;
7      cin>>n;
8      for(i=1;i<=n;i++)
9      {
10         cin>>x;              //输入每个人的成绩
11         if(x>max)max=x;      //把每次输入的成绩与当前最大值进行比较
12     }
13     cout<<"max="<<max<<endl; //输出最大值
14     return 0;
15 }
```

2. 调试运行

测一测　请运行程序，分别输入以下数据，并将输出的结果填写在相应的表格内。

序号	输入 n	依次输入 x	输出 max 的值
1	1	100	
2	3	89 90 68	
3	5	95 100 88.5 60 78 98	

想一想　计算机是如何从n个人的成绩中找出最大数的？请将你的想法写在下面的方框中。

项目支持

1. for语句循环变量的类型

循环变量的类型可以是整型、字符型和布尔型。但不能为实型。例如：

```
char i;                      // 循环变量的类型为字符型
for(i='A';i<='D';i++)        // 假设A、B、C、D为成绩的4个等级
  cout<<i<<endl;             // 输出成绩的4个等级
```

2. for语句循环体执行的次数

for语句循环体执行的次数由循环变量的初值、终值和循环变量增量决定。例如，for(i=1;i<=10;i++) cout<<i; 循环变量i的初值为1，终值为10，增量为1，循环体执行10次；for(i=1;i<=10;i+=2) cout<<i; 循环变量i的初值为1，终值为10，增量为2，循环体执行5次。如果循环体中有goto语句或break语句，循环可能提前结束，循环次数会受到影响。

项目提升

1. 程序解读

第6行：因为学生的成绩可能为小数，所以定义变量x和max为float类型。

第10行：在for语句循环体中输入第i个人的成绩。例如，当循环变量i的值为1时，输入的是第1个人的成绩。

第11行：判断当前输入的成绩x是否大于max，如果条件满足，则把x的值赋给max。

2. 注意事项

当for语句的循环体是复合语句时，要用“{ }”把循环语句括起来；如果循环体中的if语句是复合语句，也要用“{ }”把复合语句括起来。

项目拓展

1. 阅读程序写结果

阅读下面的程序，在下面的横线上填写最终的运行结果。

```
1  #include<iostream>
2  using namespace std;
3  int main()
4  {
5      int i;
6      for(i=1;i<=30;i++)
7        if(i%7==0||i%10==7) cout<<" "<<i;
8      return 0;
9  }
```

运行结果：________________

2. 改错题

下面这段代码用来分别计算1～100中的偶数、奇数之和，其中有两处错误，快来改正吧！

```
1  #include<iostream>
2  using namespace std;
3  int main()
4  {
5      int i,ji=0,ou=0;
6      for(i=1;i<=100;i++)
7      {
8        if(i%2=0) ou=ou+i  ——❷
9        else ji=ji+i;      ——❶
10     }
11     cout<<"ji="<<ji<<"ou="<<ou;
12     return 0;
13 }
```

错误❶：________________　　错误❷：________________

3. 编程题

试编程，输入n个数，输出其中最小的数。

5.2 while 语句

while循环语句，只有当表达式的条件成立时，循环体才被执行；若表达式的最初值为0，即条件不成立，则一次循环也不执行。因此，用while循环语句实现的循环，又称为当型循环。

5.2.1 while语句格式

执行while语句时，先判断条件表达式的值。当条件表达式的值为真时，循环体才被执行，否则一次循环也不执行。

项目名称 **为希望工程存钱**

文件路径 第5章\案例\项目4　为希望工程存钱.cpp

皮皮鲁打算从今年开始为希望工程存钱，1月份存入1元钱，2月份存入2元钱，3月份存入3元钱……依次类推。编程计算经过多少个月，皮皮鲁为希望工程存入的钱才能多于500元？

项目准备

1. 提出问题

已知存钱的总数多于500，要求存钱的月数，首先要思考如下问题。

(1) 如何实现循环次数受条件限制的循环结构？

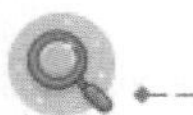

(2) while语句的条件表达式是什么？

2. 相关知识

while语句特点

while语句用来实现“当型”循环结构，当循环条件为真时，就不断执行循环体内的语句。其特点是：先判断表达式，后执行语句。如果循环条件一开始就不成立，则一次循环体也不执行。

while语句条件表达式

如果定义存钱的总数为变量s，则while语句的条件表达式为：s<=500；即当s<=500为真时，执行循环体，否则，结束循环。

项目规划

1. 思路分析

如果求半年存多少钱，知道半年是6个月，也就是循环6次求和。而本题不知道是多少个月，是要求n的值。因此，建议使用while循环结构，当s<=500时，执行循环体语句。

2. 算法设计

本题中存款数s，月数n的初始值都要为0，即s=0，n=0，先判断s是否小于或等于500，如果条件成立，执行循环体。如右侧流程图所示。

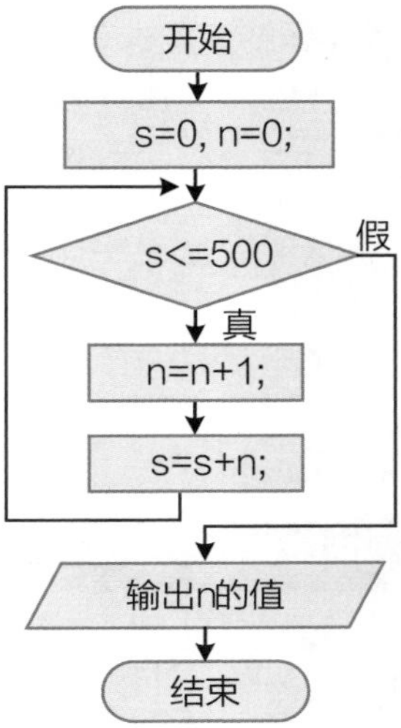

项目实施

1. 编程实现

项目4 为希望工程存钱.cpp

```
#include<iostream>
using namespace std;
int main()
{
    int n=0,s=0;
    while(s<=500)          // 循环条件
    {
      n++;                 // 当月存入的钱数
      s=s+n;               // 将当月存的钱数加入到总数中
    }
    cout<<"n="<<n<<endl;
    return 0;
}
```

2. 调试运行

```
n=32
```

测一测　请修改程序，并将输出的结果填写在相应表格内。

序号	修改第 6 行语句	输出 n 的值
1	while(s<=3)	
2	while(s<=10)	
3	while(s<=100)	

想一想　本程序中变量n的初始值为0，当while语句的条件满足时，先执行n++，再执行s=s+n，结果是正确的。如果变量n的初始值为1，执行while语句，输出n的值是33而不是32，想想为什么？请将你的想法写在下面的方框中。

项目支持

1. while语句格式

while循环结构有两种格式，一种是循环体只有一个语句，另一种是循环体由多个语句构成。当循环体由多个语句构成时，应用一对花括号括起来，构成一个语句块的形式。

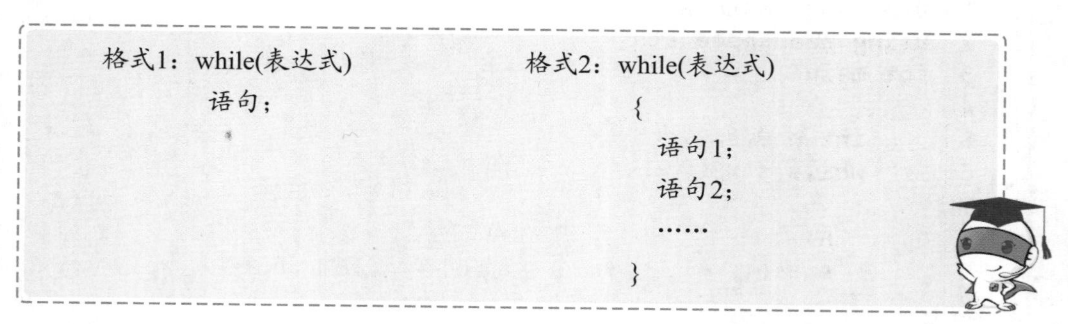

两种格式都要先判断表达式的值是否成立，条件成立才能不断地执行循环体中的语句。

2. while语句的执行过程

while语句的执行过程如下。

(1) 首先计算作为循环控制条件表达式的值。

(2) 若循环控制条件表达式的值为真，则执行一次循环体，否则停止循环，结束整个while语句的执行。

(3) 执行完循环体中的所有语句后，自动跳转到第(1)步。

项目提升

1. 程序解读

在第8行和第9行语句中，根据项目中描述的存钱办法，每月存入的钱数与月数相等，所以n既代表月份值，又代表该月份存入的钱数，所以存入的钱的总数为：s=s+n。

2. 注意事项

当while语句的循环体中包含多条语句时，应用“{ }”将语句括起来，组成复合语句，如while(i<=10){s=s+i; i++;}。循环体中应有使循环趋于结束的语句，如i++，否则将构成死循环。

5.2.2　while语句的应用

在C++语言中，一般情况下在处理循环问题时，while语句与for语句可互相替换。当有循环条件、循环次数不确定时，通常用while语句来解决。

项目名称　**谁截的最长**

文件路径　第5章 \ 案例 \ 项目5　谁截的最长.cpp

有一根长12米和一根长8米的木板，皮皮鲁要把它们截成同样长的小段用来做栅栏，为了节省木板，在截时不允许有剩余。试编程计算所截的木板每段最长为几米。

项目准备

1. 提出问题

要把每根木板截成同样长的小段，不允许有剩余，首先要思考如下问题。

(1) 如何截取木板才能实现每小段木板等长且没剩余?

(2) 有没有较好的办法求所截木板的最大长度?

2. 相关知识

公约数和最大公约数

公约数，又称公因数。它是指能同时整除几个整数的数。如果一个整数同时是几个整数的约数，称这个整数为它们的公约数。公约数中最大的一个称为最大公约数。所以，满足条件的最长小段木板的长度为两根木板长度的最大公约数。

求最大公约数的方法

求两个数的最大公约数常见方法有枚举法、辗转相除法等。如果两个数较大，采用辗转相除法可以更快地找到最大公约数。

项目规划

1. 思路分析

要把每根木板截成同样长的小段，不允许有剩余，这其实是数学中的求两个整数的最大公约数问题。

2. 算法设计

假如两根木板的长度分别用m和n表示，则解决问题的思路如下。

第一步：求m除以n的余数r。

第二步：当余数r等于0时，则n为最大公约数，输出n，结束循环。

第三步：当余数r不等于0时，将n的值赋给m，将r的值赋给n，再求m除以n的余数r。跳转到第二步进行判断，形成循环。

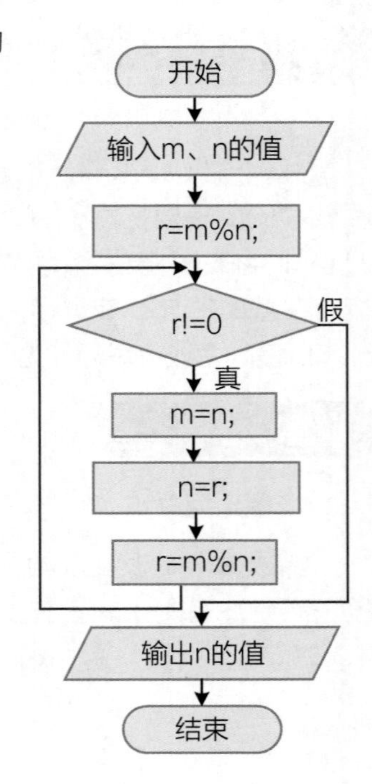

项目实施

1. 编程实现

项目 5　谁截的最长. cpp

```
1  #include<iostream>
2  using namespace std;
3  int main()
4  {
5      int m,n,r;
6      cin>>m>>n;
7      r=m%n;
8      while(r!=0)      // 用辗转相除法求最大公约数
9      {
10       m=n;
11       n=r;
12       r=m%n;
13     }
14     cout<<"最大公约数："<<n<<endl;
15 }
```

2. 调试运行

```
12 8
最大公约数：4
```

测一测　请按下表分别输入m、n的值，并将输出的结果填写在相应的表格内。

序号	第 6 行输入 m、n 的值	输出 n 的值
1	12　8	n=
2	8　12	n=
3	11　7	n=
4	8　8	n=

想一想　对于以上每组输入的m、n的值，请分析while语句循环体执行的次数是多少？请将你的想法写在下面的方框中。

项目支持

1. 辗转相除法

辗转相除法，又称欧几里得算法，用于计算两个正整数m、n的最大公约数。它是已知最古老的算法，其可追溯至公元前300年前。

辗转相除法的算法步骤是，对于给定的两个正整数m、n(假设m>n)，用m除以n得到余数r。若余数r不为0，就将n和r组成一对新的数(m=n，n=r)，继续上面的除法，直到余数r为0，这时n就是原来两个数的最大公约数。

因为这个算法需要反复地进行除法运算，故被形象地命名为“辗转相除法”。

2. 枚举法

思路：设两个数为m、n。

第一步：比较两个数的大小。

第二步：从两者中较小的数开始，从大到小列举。

第三步：在执行第二步的过程中找到的第一个可以同时被m、n整除的数就是m和n的最大公约数。

采用枚举法求两个数最大公约数的程序如下。

```
#include<iostream>
using namespace std;
int main()
{
      int m,n,i;
      cin>>m>>n;
      for(i=(n<m?n:m);i>=1;i--)    //比较m、n，从两者中较小的数开始，从大到小列举
         if(m%i==0&&n%i==0)     //找到可以同时被m、n整除的数
          {
            cout<<"最大公约数:"<<i;
            break;                  //找到第一个可以同时被m、n整除的数，就退出循环
          }
  return 0;
}
```

3. break语句

在循环体中，使用break语句，可以提前结束整个循环的过程，不再判断执行循环的条件是否成立。例如，使用枚举法求两个数的最大公约数，当找到第一个可以同时被m、n整除的数，即最大公约数时，就需要使用break语句退出循环。使用break语句时，格式如下。

格式：break；

break语句的功能是提前结束循环，接着执行循环下面的语句。

项目提升

1. 程序解读

第7行：先求一次m除以n的余数r。

第10～12行：为while语句循环体，如果r的值不为0，则执行循环体，将n的值赋给m，将r的值赋给n，再求m除以n的余数r。

2. 注意事项

以上项目程序没有对输入的m、n的值进行大小比较，分析发现：程序执行时，如果两数相等，while语句不执行循环体；如果两数不相等，先输入较大的数再输入较小的数比先输入较小的数再输入较大的数，循环体执行的次数少一次。例如，输入m、n的值：12、8，循环体执行一次；输入m、n的值：8、12，循环体执行两次。

项目拓展

1. 改错题

下面这段代码用于输出1～100中所有的整数。其中有两处错误，快来改正吧！

```
1  #include<iostream>
2  using namespace std;
3  int main()
4  {
5      int i;  ———— ❶
6      while(i<100);  ———— ❷
7      {
8        cout<<i<<" ";
9        i++;
10     }
11     return 0;
12 }
```

错误❶：________　　错误❷：________

2. 填空题

下面这段代码用来求3+6+9+…+99的和。请把以下横线上空白处填写完整，使其具有此功能。

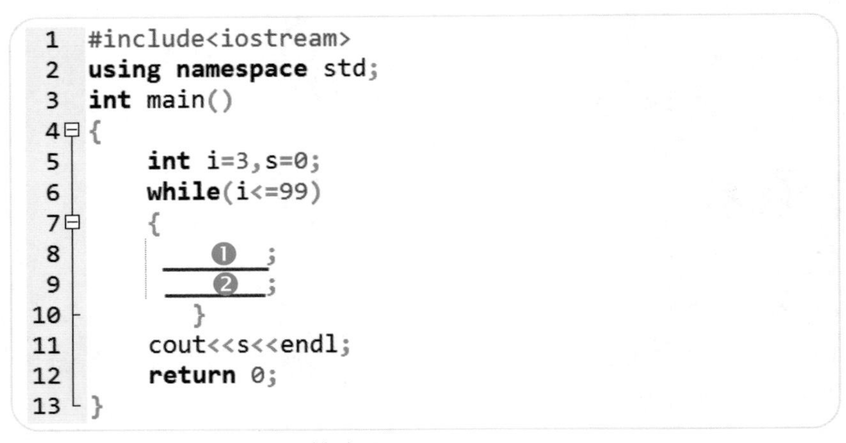

```
1  #include<iostream>
2  using namespace std;
3  int main()
4  {
5      int i=3,s=0;
6      while(i<=99)
7      {
8      ___❶___;
9      ___❷___;
10     }
11     cout<<s<<endl;
12     return 0;
13 }
```

填空❶：______________ 填空❷：______________

3. 编程题

对于每一个正整数，如果它是奇数，则使它乘3再加1；如果它是偶数，则使它除以2。如此循环，最终都能够得到1，这就是著名的角谷猜想。试编写一个程序，验证角谷猜想。

5.3 do-while 语句

do-while循环语句非常“讲义气”，不管条件是否成立，都要先执行一次循环体，然后再判断表达式是否成立。当表达式的值还为真，再返回重新执行循环体语句，如此反复，直到表达式的值为假为止。

- **do**(执行；做；干)
- **continue**(继续；结束本次循环)

5.3.1 do-while语句格式

do-while语句是在执行循环体之后，再判断表达式的条件是否成立。与while语句不同的是，do-while语句不管循环条件是否成立，都至少执行一次循环体。

项目名称 **数字反转**

文件路径 第5章 \ 案例 \ 项目6 数字反转.cpp

皮皮鲁喜欢去野外探险，一天，他要穿过一个山洞，但是他必须正确回答问题才

能进去，洞门口上有数字不断闪过，要求进洞者必须把出现的所有数字进行反转。一位数、两位数和三位数非常好记，皮皮鲁能轻松完成，如数字15，反转后是51。但当遇到比较大的数字时，皮皮鲁就比较为难了，他想借助编程来完成。

项目准备

1. 提出问题

要通过程序使数字反转，首先要思考如下问题。

 (1) 如何使一个数所有数位上的数字都进行反转？ 

 (2) 如何使用循环结构来解决数字反转问题？

2. 相关知识

数字反转方法

可以采用由低位到高位分解数字的方法。即：将要反转的数除以10取余并输出余数，然后再整除10取商产生去掉个位数字后的新数，再用产生的新数继续取余、取商，直至产生的新数为0为止。由于要反转的数的位数不确定，因而循环结构采用while语句或do-while语句比较适合。

do-while语句格式

do-while循环结构也有两种格式，一种是循环体只有一个语句，另一种是循环体由多个语句构成。当循环体由多个语句构成时，应用一对花括号括起来，构成一个语句块的形式。do-while语句的while(表达式)后有分号。

```
格式1：do                     格式2：do
         语句；                      {
      while(表达式);                     语句1；
                                        语句2；
                                        ……
                                     }
                                   while(表达式);
```

do-while语句的两种格式都是在执行循环体之后再判断表达式的条件是否成立，所以do-while语句不管循环条件是否成立，都至少执行一次循环体。

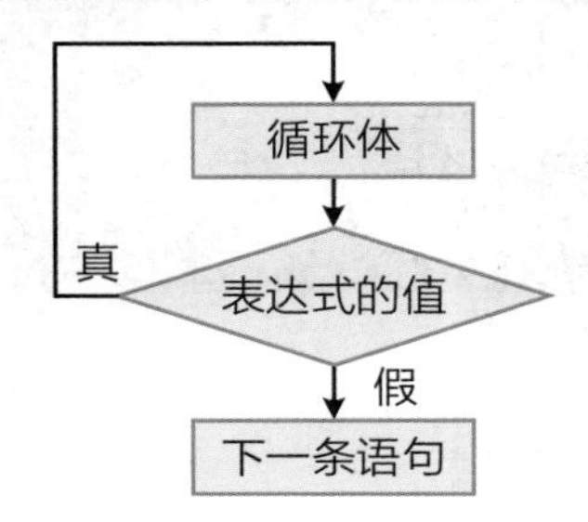

项目规划

1. 思路分析

本题需要借助n%10和n/10多次取出每个数位上的数字。不同位数的整数需要做取余运算的次数不同。

2. 算法设计

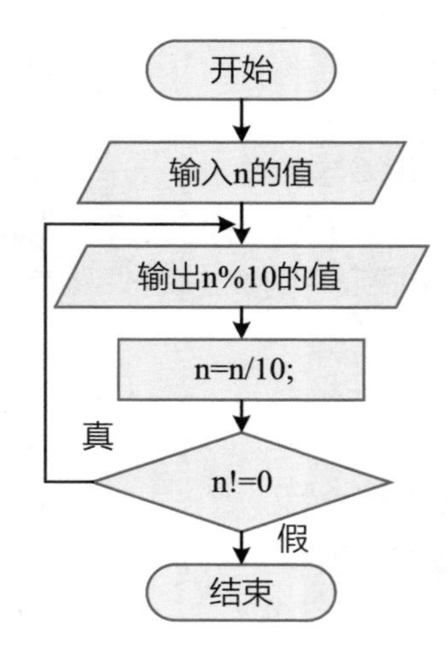

项目实施

1. 编程实现

项目 6　数字反转.cpp

```
1  #include<iostream>
2  using namespace std;
3  int main()
4  {
5      int n;
6      cin>>n;
7      do
8      {
9        cout<<n%10;      // 输出当前数的个位数字
10       n=n/10;          // 产生去掉个位数字后的新数
11     }while(n!=0);
12 return 0;
13 }
```

2. 调试运行

```
34567
76543
```

测一测　请按下表分别输入n的值，并将输出的结果填写在相应的表格内。

序号	第 6 行输入 n 的值	输出结果
1	1	
2	100	
3	123456789	

想一想　输入的n的值是否可以无限大？如果不可以，n的值最大可以为多少？请将你的想法写在下面的方框中。

项目支持

1. do while循环结构的特点

先无条件地执行一次循环体，然后再判断循环条件是否成立。

本题中使用n!=0作为循环的控制条件，因为事先不知道输入的n是几位数，也就不知道循环次数，当n=0时，不用再做求余运算，循环结束。对于只有一位数字的整数，也要做一次求余运算，即至少执行一次循环体，因此，使用do-while循环结构。

2. while语句与do while语句的区别

while语句执行循环体之前，先判断循环条件，条件表达式的值必须为真，否则while循环不执行循环体，即循环体可能一次也不执行。

而do-while语句，不管循环条件是否成立，都要执行一次循环体，因为循环体是在条件表达式之前执行的。

项目提升

1. 程序解读

第9行：输出当前数的个位数字。

第10行：产生当前数去掉个位数字后的新数。

2. 注意事项

do-while语句条件表达式的括号后面要加“;”，否则程序会出现语法错误。

项目拓展

1. 阅读程序写结果

阅读下面的程序，在下面的横线上填写最终的运行结果。

```
1  #include<iostream>
2  using namespace std;
3  int main()
4  {
5      int a=5;
6      do
7      {
8       cout<<a<<" ";
9       a=a-1;
10     }while(a>=1);
11     return 0;
12 }
```

运行结果：________________

2. 改错题

下面这段代码是求1×2×3×4×5的值，其中有两处错误，快来改正吧！

```
1  #include<iostream>
2  using namespace std;
3  int main()
4  {
5      int i=1,s=0;  ——❶
6      do
7      {
8       s=s*i;
9       i=i+1;
10     }while(i<=5)  ——❷
11     cout<<"s="<<s;
12     return 0;
13 }
```

错误❶：______________　错误❷：______________

3. 填空题

下面的程序用来求10+20+30+…+200的和，请把以下横线上空白处填写完整，使程序具有此功能。

```
1  #include<iostream>
2  using namespace std;
3  int main()
4  {
5      int i=10,s=0;
6      do
7      {
8       s=s+i;
9       ___❶___;
10     }while ___❷___;
11     cout<<"s="<<s;
12     return 0;
13 }
```

填空❶：______________　填空❷：______________

5.3.2　continue语句

如果在程序运行过程中使用continue语句，程序就会跳过循环体中位于该语句后的所有语句，提前结束本次循环周期，开始进入下一个循环周期。

项目名称 **逢5必过游戏**

文件路径 第5章\案例\项目7 逢5必过游戏.cpp

皮皮鲁在和小朋友们玩一个有趣的游戏——逢5必过。游戏规则是：大家围坐在一起，从1开始报数，如遇到尾数是5的数，则不报数，喊“过”，如果谁报错了，谁就要给大家唱首歌。试编写一个程序，模拟1～20的报数过程。

项目准备

1. 提出问题

要设计逢5必过游戏的程序，首先要思考如下问题。

(1) 如何实现在循环报数过程中实现逢5必过？

(2) 在设计程序的过程中使用什么语句更高效？

2. 相关知识

逢5必过的方法

在循环报数的过程中，判断数据是否逢5，若是，输出“过”；否则，报数。

continue语句格式

格式：continue；

continue语句的功能是结束本次循环，进入下一个循环周期。

项目规划

1. 思路分析

本题是用循环语句输出所有的数，1、2、3、4…20，在输出之前还要判断每个数的尾数是不是5，若是，输出“过”；若不是，就输出这个数。

2. 算法设计

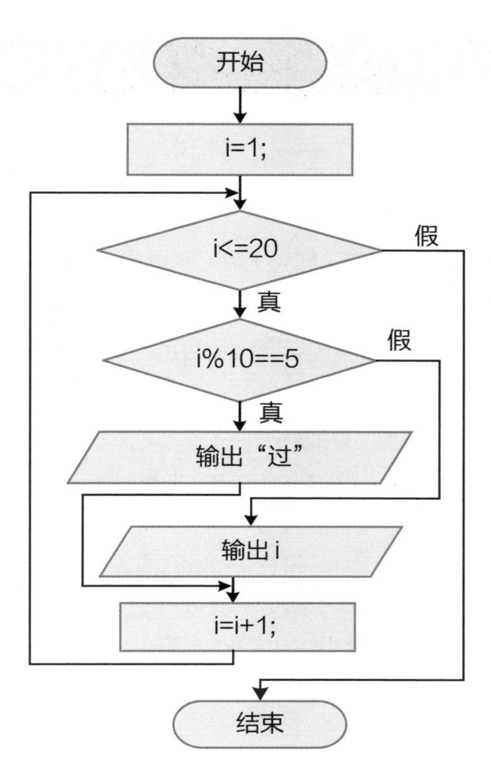

项目实施

1. 编程实现

项目 7 逢 5 必过游戏. cpp

```
1  #include<iostream>
2  using namespace std;
3  int main()
4  {
5      int i;
6      for(i=1;i<=20;i++)
7      {
8        if(i%10==5)            // 判断是否逢 5
9        {
10         cout<<"过"<<" "; // 逢 5 输出“过”
11         continue;
12       }
13       cout<<i<<" ";          // 输出逢5之外的数
14     }
15 return 0;
16 }
```

2. 调试运行

```
1 2 3 4 过 6 7 8 9 10 11 12 13 14 过 16 17 18 19 20
--------------------------------
```

项目支持

1. break语句与 continue语句的区别

break语句是提前结束整个循环过程，不再判断执行循环的条件是否成立；continue语句只是结束本次循环，而不是终止整个循环的执行，接着还要进行下次是否执行循环的判定。while循环、do-while循环和for循环，都可以使用break语句跳出循环，都可以用continue语句结束本次循环。

2. 几种循环语句的比较

while语句、do-while语句、for语句都可以用来处理同一问题，一般情况下它们可以互相代替。

在while语句和do-while语句中，只在while后面的括号内指定循环条件，因此为了使循环能正常结束，循环体中应包含使循环趋于结束的语句(如i++，i+=2等)。使用while语句和do-while语句时，循环变量初始化的操作应在while语句和do-while语句之前完成。

项目提升

1. 程序解读

第8～12行：判断数据是否逢5，若逢5，先输出“过”，再结束本次循环。

第13行：输出当前报的数。

2. 注意事项

do-while语句条件表达式的括号后面要加“;”，否则程序会出现语法错误。

5.4 循环嵌套

循环语句的循环体内可以出现任何语句，当循环体内又出现循环语句时，就构成了循环嵌套。处于外层的循环叫外循环，处于内层的循环叫内循环。根据嵌套的层数有双重循环嵌套、三重循环嵌套等。

5.4.1 双重循环嵌套

一个循环语句的循环体内又包含另一个循环结构，这种循环形式称为循环嵌套，又叫双重循环嵌套。

项目名称　**方队表演**

文件路径　第5章 \ 案例 \ 项目8　方队表演.cpp

在军训或体育课上，经常要站成6行×8列或5行×6列的队形进行汇报表演。请编写一个程序，在屏幕上输出由“*”构成的5行×6列的方阵队形。

项目准备

1. 提出问题

要输出由“*”构成的方阵队形，首先要思考如下问题。

(1) 如何在屏幕上输出一个由“*”构成的方阵队形?

(2) 如何使用循环语句输出由“*”构成的方阵队形?

2. 相关知识

双重循环嵌套

由“*”构成的方阵队形的输出办法：逐行输出，每行输出指定数量的“*”。由于输出多行和每行输出指定数量的“*”，都属于重复性操作，因此都可以设计为循环结构。又因为输出多行和每行输出指定数量的 “*”，在结构上具有包含关系，所以可以采用双重循环嵌套结构来输出方阵队形。

下面是常见的for语句双重循环嵌套格式。

```
格式1：for( )
      {
        for ( )
        {
          ……
        }
      }

格式2：for( )
      {
        do
        {
          ……
        }while(表达式);
      }

格式3：for( )
      {
        while( )
        {
          ……
        }
      }
```

双重循环嵌套的其他格式如下。

```
格式 1:  while(    )
         {
           while (    )
           {
             ……
           }
         }

格式 2:  while(    )
         {
           do
           {
             ……
           }while (    );
         }

格式 3:  while(    )
         {
           for(    )
           {
             ……
           }
         }

格式 4:  do
         {
           for (    )
           {
             ……
           }
         } while (    );

格式 5:  do
         {
           do
           {
             ……
           } while (    );
         } while (    );

格式 6:  do
         {
           while(    )
           {
             ……
           }
         } while (    );
```

项目规划

1. 思路分析

本题需要使用双重循环嵌套，其中，外循环控制输出行数，内循环控制每行输出的“*”个数。

2. 算法设计

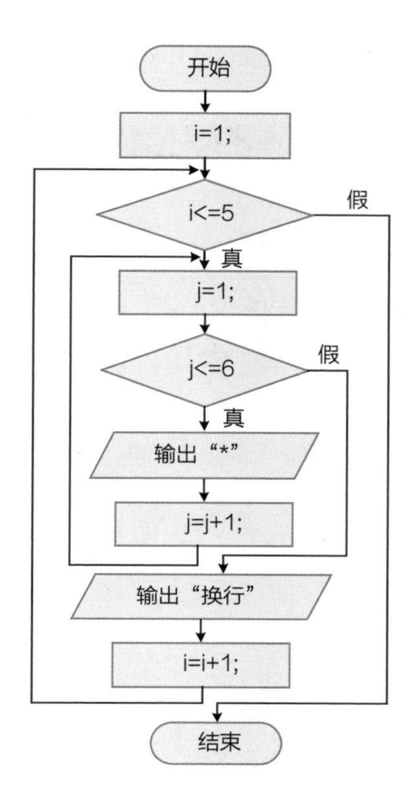

项目实施

1. 编程实现

项目 8 方队表演. cpp

```
1  #include<iostream>
2  using namespace std;
3  int main()
4  {
5      int i,j;
6      for(i=1;i<=5;i++)           // 外循环，控制输出行数
7      {
8        for(j=1;j<=6;j++)         // 内循环，控制每行输出的“*”个数
9          cout<<" *";
10       cout<<endl;               // 每行输出结束以后换行
11     }
12     return 0;
13 }
```

2. 调试运行

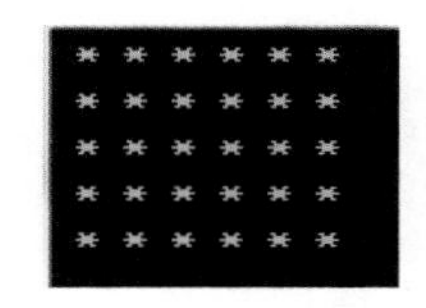

测一测　请按下表分别修改for语句表达式中i和j的终值，并将输出的结果填写在相应的表格内。

序号	第 6 行修改 i 的终值	第 8 行修改 j 的终值	输出结果
1	5	5	
2	5	i	
3	5	6-i	

想一想　以上表格中外循环变量i的终值不变，内循环j的终值变化后，输出的方阵有什么变化？分析为什么发生这样的变化？请写在下面的方框中。

项目支持

1. 循环嵌套的判定

循环嵌套的两个循环语句之间是嵌套关系，即两者是包含与被包含的关系。并列关系的两个循环语句不构成循环嵌套。例如，“方队表演”项目还可以用以下程序实现。

```
#include<iostream>
using namespace std;
int main()
{
    int i,j;
    for(i=1;i<=6;i++)          //输出第 1 行“*”
        cout<<" *";
    cout<<endl;
    for(i=1;i<=6;i++)          //输出第 2 行“*”
        cout<<" *";
    cout<<endl;
    for(i=1;i<=6;i++)          //输出第 3 行“*”
        cout<<" *";
    cout<<endl;
    for(i=1;i<=6;i++)          //输出第 4 行“*”
        cout<<" *";
    cout<<endl;
    for(i=1;i<=6;i++)          //输出第 5 行“*”
        cout<<" *";
    cout<<endl;
    return 0;
}
```

以上程序中for语句之间是并列关系，不构成循环嵌套。

2. 双重循环嵌套内循环执行次数

双重循环内循环执行的次数为：外循环次数 × 内循环次数。例如，在“方队表演”项目程序中，外循环控制行数，循环5次；内循环控制每行输出的“*”个数，每行循环6次。即：外循环每执行一次，内循环执行6次。所以，内循环共执行30次。

项目提升

1. 程序解读

第6～11行是外循环，外循环的循环体是复合语句，包含for语句和“换行”语句。

第8行和第9行是内循环，循环体是单个语句，功能是输出“ *”。

2. 注意事项

双重循环嵌套，当外循环或内循环是复合语句时，一定要用“{ }”把外循环或内循环括起来。

为了方便阅读，书写时可将内循环程序缩进来区分外循环和内循环。

项目拓展

1. 阅读程序写结果

下面这段程序用来输出“*”型方阵，请在下面的横线上填写最终的运行结果。

```
1  #include<iostream>
2  using namespace std;
3  int main()
4  {
5      int i,j,n;
6      cin>>n;
7      for(i=1;i<=n;i++)
8      {
9        for(j=1;j<=i;j++)
10         cout<<" *";
11       cout<<endl;
12     }
13     return 0;
14 }
```

输入：6　　运行结果：________________

2. 填空题

下面程序用来求1！+2！+3！+…+10！的和，提示：n!=1*2*3*…*n(n为整数)，请把以下横线上空白处填写完整，使其具有此功能。

```
1  #include<iostream>
2  using namespace std;
3  int main()
4  {
5      int i,j,n,s1=1,s2=0;
6      cin>>n;
7      for(i=1;i<=n;i++)
8      {
9        for(j=1;j<= ❶ ;j++)
10          s1=s1* ❷ ;
11       s2=s2+ ❸ ;
12       s1=1;
13     }
14     cout<<s2<<endl;
15     return 0;
16 }
```

输入：5

填空❶：________ 填空❷：________ 填空❸：________

3. 编程题

请编写程序，输出以下九九乘法口诀表。

1×1=1								
1×2=2	2×2=4							
1×3=3	2×3=6	3×3=9						
1×4=4	2×4=8	3×4=12	4×4=16					
1×5=5	2×5=10	3×5=15	4×5=20	5×5=25				
1×6=6	2×6=12	3×6=18	4×6=24	5×6=30	6×6=36			
1×7=7	2×7=14	3×7=21	4×7=28	5×7=35	6×7=42	7×7=49		
1×8=8	2×8=16	3×8=24	4×8=32	5×8=40	6×8=48	7×8=56	8×8=64	
1×9=9	2×9=18	3×9=27	4×9=36	5×9=45	6×9=54	7×9=63	8×9=72	9×9=81

5.4.2 三重循环嵌套

如果在双重循环嵌套的内循环中，再嵌套一层循环语句，就构成了三重循环嵌套。运用三重循环嵌套或多重循环嵌套，可以巧妙地解决比较复杂的循环问题。

项目名称 **水仙花数**

文件路径 第5章 \ 案例 \ 项目9 水仙花数.cpp

水仙花素雅端庄，花如金盏银盘，养于水中，清香淡雅。数学上有一种数称为水仙花数，所谓水仙花数是一个三位数，它等于自己各个数位上数字的立方和，如 $153=1^3+5^3+3^3$。试编写一个程序，求出所有的水仙花数。

项目准备

1. 提出问题

要求出所有的水仙花数，首先要思考如下问题。

(1) 求水仙花数可以采用几重循环嵌套?

(2) 在求解水仙花数的过程中，循环判断了多少次?

2. 相关知识

三重循环嵌套

由于水仙花数是三位数，可以分别枚举三个数位上的数字以得到所有的三位数，即：从外循环到内循环分别枚举百位、十位、个位上的数字，再对构成的三位数是否为水仙花数进行判断。

百位、十位和个位上的数字之间分别具有包含和被包含的关系，构成三重循环嵌套。三种循环语句都可以互相嵌套。for语句三重循环嵌套的格式如下。

格式：
```
for( )
{
  for ( )
  {
    for( )
     {
       ……
     }
  }
}
```

多重循环嵌套的基本要求

外层循环和内层循环必须层层相套，循环体之间不能交叉。

每重循环必须有一个唯一的循环控制变量。

项目规划

1. 思路分析

因这个水仙花数为三位数，可表示为x=a*100+b*10+c，其中，百位上的数a取值范围为1～9，十位上的数b取值范围为0～9，个位上的数c取值范围为0～9。

2. 算法设计

本题使用三重循环解决，步骤如下。

第一步：使用第一层循环枚举百位上的数字。

第二步：使用第二层循环枚举十位上的数字。

第三步：使用第三层循环枚举个位上的数字。

计算出三位数并判断是否满足条件。

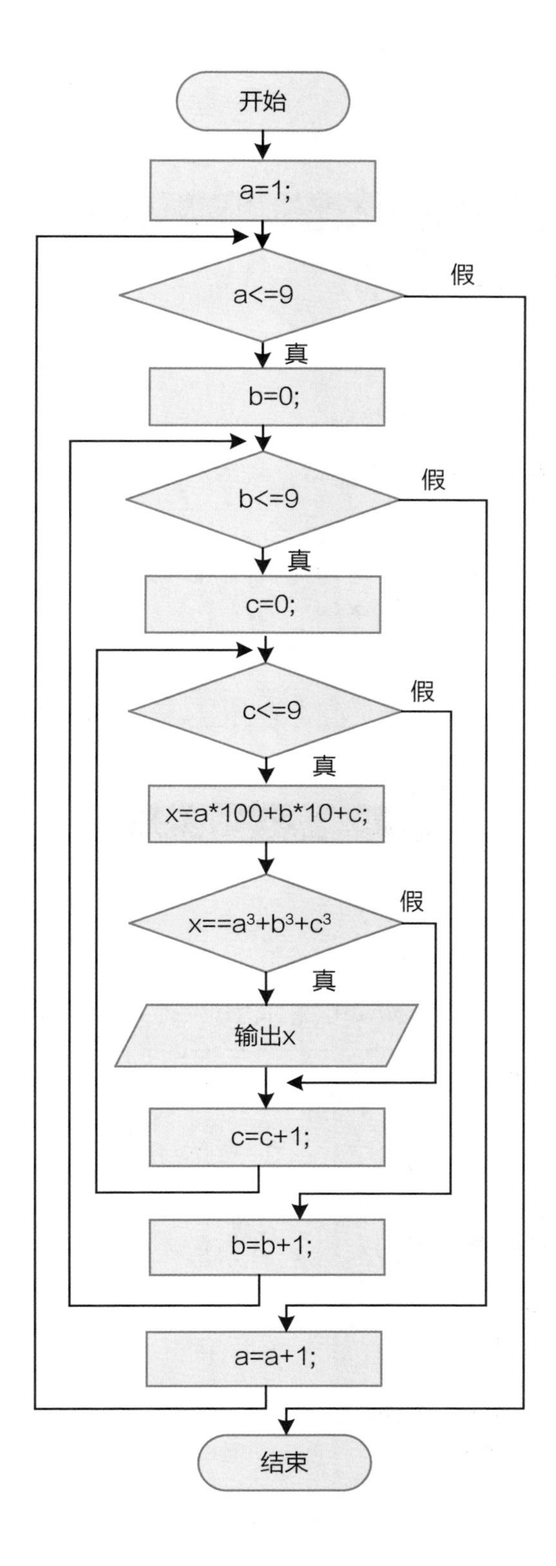
开始
a=1;
a<=9
假
真
b=0;
b<=9
假
真
c=0;
c<=9
假
真
x=a*100+b*10+c;
x==a³+b³+c³
假
真
输出x
c=c+1;
b=b+1;
a=a+1;
结束

项目实施

1. 编程实现

项目 9　水仙花数.cpp

```
1  #include<iostream>
2  using namespace std;
3  int main()
4  {
5      int a,b,c,x;
6      for(a=1;a<=9;a++)                  // 枚举百位上的数字
7        for(b=0;b<=9;b++)                // 枚举十位上的数字
8          for(c=0;c<=9;c++)              // 枚举个位上的数字
9          {
10            x=a*100+b*10+c;             // 三位数
11            if(a*a*a+b*b*b+c*c*c==x)    // 水仙花数判定
12              cout<<x<<" ";             // 输出水仙花数
13         }
14     return 0;
15 }
```

2. 调试运行

```
153 370 371 407
```

项目支持

1. 一题多解

“水仙花数”程序还可以直接用单重循环语句来解决，程序如下。

```
#include<iostream>
using namespace std;
int main()
{
    int a,b,c,x;
    for(x=100;x<=999;x++)              //枚举三位数
        {
        a=x/100;                       //计算三位数的百位上的数字
        b=x/10%10;                     //计算三位数的十位上的数字
        c=x%10;                        //计算三位数的个位上的数字
        if(a*a*a+b*b*b+c*c*c==x)       //判断是否为水仙花数
            cout<<x<<" ";              //输出水仙花数
        }
    return 0;
}
```

2. 三重循环嵌套内循环执行次数

三重循环内循环执行的次数为：最外循环次数 × 次外循环次数 × 内循环次数。例如，在“水仙花数”项目程序中，最外循环枚举百位上的数字，循环 9 次；次外循环枚举十位上的数字，每执行一次最外循环，次外循环执行10次；内循环枚举个位上的数字，每执行一次次外循环，内循环执行10次。所以，内循环共执行900次。

项目提升

1. 程序解读

第6行是最外循环，第7行是次外循环，最外循环和次外循环均为单个语句。

第9～13行是内循环，内循环包含多个语句，是复合语句。第10行用来计算三位数。

第11行判断计算出的三位数是否为水仙花数。

2. 注意事项

for语句多重循环嵌套的每层循环必须有一个唯一的循环控制变量，循环控制变量的增减要在其所在的那层循环中完成。

项目拓展

1. 阅读程序写结果

下面这段代码是三重循环嵌套结构，n用于求内循环执行的次数，请在下面的横线上填写最终的运行结果。

```
1  #include<iostream>
2  using namespace std;
3  int main()
4  {
5      int a,b,c,n=0;
6      for(a=0;a<=1;a++)
7        for(b=0;b<=9;b++)
8          for(c=0;c<=9;c++)
9             n++;
10     cout<<n<<endl;
11     return 0;
12 }
```

运行结果：____________

2. 改错题

下面这段代码用于求水仙花数，其中有三处错误，快来改正吧！

```
1  #include<iostream>
2  using namespace std;
3  int main()
4  {
5      int a,b,c,x;
6      for(a=1;a<=9;a++)
7        for(b=0;b<=9;b++)
8          for(c=0;c<=9;c++)
9                                      ————————❶
10           x=a*100+b*10+c;
11           if(a*a*a+b*b*b+c*c*c=x)————————❷
12             cout<<x<<" ";
13                                     ————————❸
14     return 0;
15 }
```

错误❶：________ 错误❷：________ 错误❸：________

3. 编程题

如果一个n位正整数等于它的n个位上数字的n次方和，则称该数为n位自方幂数。三位自方幂数称为水仙花数，四位自方幂数称为玫瑰花数，请编程求出所有的玫瑰花数。

第 6 章

数　组

设计程序解决问题时，如果输入输出数据的个数比较少，则只要定义几个变量即可保存数据。然而，在实际生活中，设计的程序可能一次要处理大量的数据。如求取每位学生的体育总分，不仅每位学生的体育项目较多，而且全校几千位同学的体育成绩都要分析。这些成绩数据具有相同的类型，且数据量比较大。采用之前学习过的定义变量的方式，无法完成成绩分析。因此，我们要学习一种新的批量数据存储方式——数组。

数组是一组具有相同数据类型的变量的集合。本章将学习一维数组、二维数组、字符数组等。

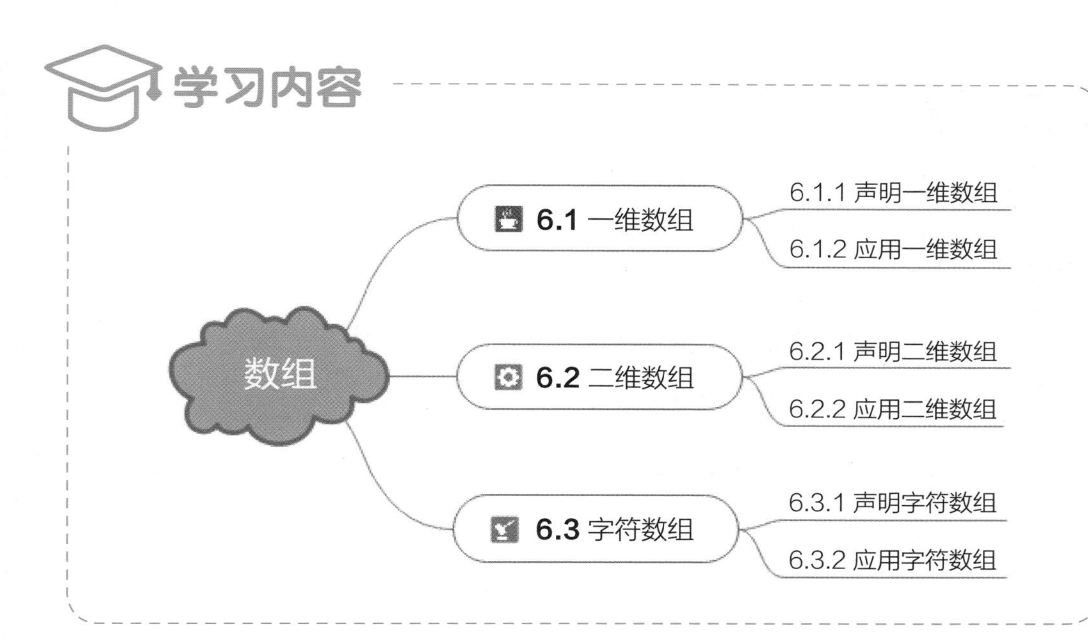

6.1 一维数组

数组是计算机程序中的重要数据类型。使用C++解决问题的过程中，经常需要处理大量相同类型的数据。若定义许多变量分别保存这些数据，程序将会十分烦杂。为简化代码、提高效率，C++提供了“整齐划一”的数组类型。

6.1.1 声明一维数组

一维数组是计算机程序中最基本的数组，运用一维数组可以很方便地处理大量的数据。就像声明普通变量一样，使用数组前要先声明数组。声明数组时，要定义数组名和数据类型，也可以初始化数组中的值。

项目名称 **选拔护旗手**

文件路径 第6章\案例\项目1　选拔护旗手.cpp

红旗小学要选拔护旗手，要求护旗手的身高不能低于145cm，且不能高于150cm。操场上列队站着10位同学，已知他们的身高，试判断哪些同学符合条件。请你编写程序，将符合身高要求的同学的序号输出显示在屏幕上。

项目准备

1. 提出问题

10位同学的身高数据类型相同，可以使用数组存储。通过判断每个人的身高是否符合条件，来选择护旗手。所以，要思考如下问题。

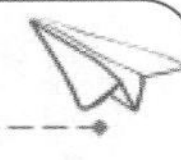

(1) 数组的定义格式是什么样的？

(2) 如何对数组进行初始化？

(3) 如何输出数组中元素所在的位置？

2. 相关知识

数组的定义格式

格式：数据类型 数组名 [元素个数];
功能：定义某个数据类型的一维数组变量。

例如：

```
float f[3];             //定义浮点型数组f，包含f[0]~f[2] 3个浮点型数组元素
char c[10];             //定义字符型数组c，包含c[0]~c[9] 10个字符型数组元素
```

初始化数组

格式：数据类型 数组名 [元素个数]={值0，值1，值2，……};
功能：定义某个数据类型的一维数组变量，并初始化值。

例如：

```
int a[4] = { 10, 11, 12, 13 };  //4个初始化值
```

则数组初始化结果如下图所示。

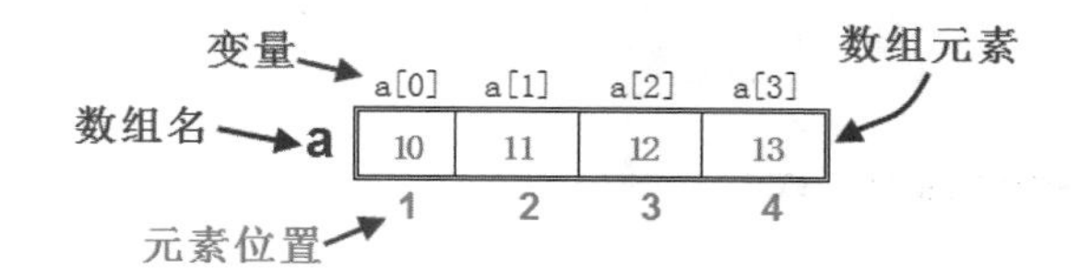

项目规划

1. 思路分析

定义一维数组s[10]用于存放10位入围同学的身高数据，同时，初始化数组数据为10位同学的身高。使用循环结构，结合我们熟悉的if语句，判断身高是否满足护旗手的要求，即：(s[i]>=145 && s[i]<=150)，输出符合身高要求的同学的序号。

2. 算法设计

第一步：定义一维数组s[10]，按顺序存放10位同学的身高。

第二步：利用循环语句逐个判断身高，如果身高符合条件，输出该同学的序号。否则跳转到第三步。

第三步：不符合的则跳过，跳转到第二步，直到最后完成选拔。

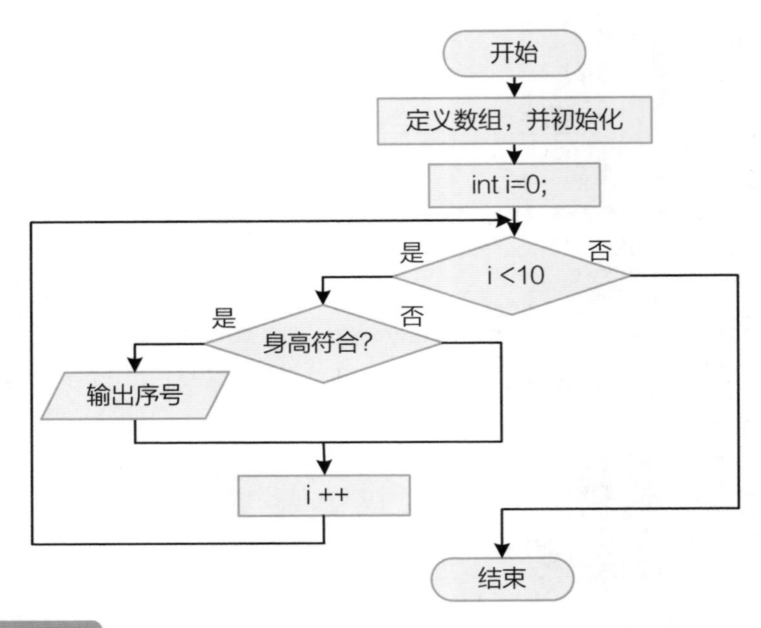

项目实施

1. 编程实现

项目 1　选拔护旗手. cpp

```
1  #include <iostream>
2  using namespace std;
3  int main() {
4    int s[10]={153,151,146,145,153,146,153,150,149,153};
5      for(int i=0; i<10; i++) {                // 循环10次
6          if(s[i]>=145 && s[i]<=150)            // 判断条件
7              cout<<i+1<<' ';                   // 输出序号
8      }
9      return 0;
10 }
```

2. 调试运行

```
3 4 6 8 9
```

输出结果说明：符合护旗手身高条件的同学的序号是3，4，6，8，9。

改一改　请修改程序，并将输出的结果填写在相应的表格内。

序号	修改第 4 行语句	输出结果
1	s[11]	
2	s[9]	
3	s[]	

想一想　如果要处理更多的数据，每一个数据都要初始化是不是很麻烦，有其他方法吗？请将你的想法写在下面的方框中。

项目支持

1. 数组的本质

数组可以存放多个数据，它们在计算机内存中占用的存储空间连续有序。

例如，定义可容纳5个整型数据的一维数组变量：int a[5];。

即数组变量a由5个整型数组元素组成，它们相当于5个单独的变量，分别是：a[0]、a[1]、a[2]、a[3]、a[4]。每一个元素都可以被赋值。例如，a[0]=65；a [1]=66;。

2. 数组初始化注意事项

一维数组变量的初始化需要注意以下两种情况。

(1) 初始化列表中值的个数应小于或等于元素的个数，不足部分的元素值则默认为数字0。例如，int a[5] = { 10, 11, 12, 13 };，其中有4个初始化值。

则数组元素初始化情况如下图所示。

	a[0]	a[1]	a[2]	a[3]	a[4]
a	10	11	12	13	0

(2) 定义数组时，若元素个数省略，则元素的个数由初始化值的个数决定。例如，int c[ ] = {10, 26,7,32};，则数组元素初始化情况如下图所示。

	c[0]	c[1]	c[2]	c[3]
c	10	26	7	32

初始化列表中值的个数不能大于数组元素的个数，否则C++程序会报错。

项目提升

1. 程序解读

第4行：为数组初始化，定义数组名为s，类型为整型，长度为10。

第6行：对身高的判断，两个条件为“与”关系。

第7行：输出符合条件的同学的序号。由于数组初始化第一个元素的下标i为0，人们习惯从1开始数起，所以输出了i+1的值。

2. 注意事项

第4行：定义数组的长度不能小于初始化数据的个数，如运行以下程序，会报错。

```
1  #include <iostream>
2  using namespace std;
3  int main() {
4      int s[5]={153,151,146,145,153,146};  // 定义数组
5      for(int i=0; i<6; i++) {
6          cout<<s[i]<<' ';                // 输出数组元素值
7      }
8      return 0;
9  }
```

报错信息如下。

[Error] too many initializers for 'int [5]'

项目拓展

1. 阅读程序写结果

下面的程序段可查找4位同学的个人信息，输入不同的序号，在下面的横线上填写最终的运行结果。

```
1  #include <iostream>
2  using namespace std;
3  int main() {
4      int i,age[]= {13,12,14,15};      // 初始化年龄数组
5      int high[4]= {170,168,174,180};
6      cin>>i;
7      cout<<"第"<<i<<"号同学年龄："<<age[i]<<"岁";
8      cout<<" 身高：" <<high[i]<<"cm"<<endl;
9      return 0;
10 }
```

输入：3　　运行结果：______________

2. 填空题

已知10位同学的身高，下面的程序段可以找出其中最高的身高，请把以下横线上空白处填写完整，使程序实现此功能。

```
1  #include <iostream>
2  using namespace std;
3  int main() {
4      int s[]= {153,151,146,145,153,146,153,150,149,153};
5      int max=s[0];                  // 取第一个数为最大值
6      for(int i=1; i<❶; i++)         // 循环9次
7      {
8          if(s[i]>=max)    ❷    ;    // 和剩下9个数比较，取最大值
9      }
10     cout<< ❸ ;                     // 输出最大值max
11     return 0;
12 }
```

填空❶：____________　　填空❷：____________　　填空❸：____________

3. 编程题

已知6名队员按顺序站队，编号分别是146，147，150，151，152，153。首尾队员互换位置，其他队员的位置不变。请编程模拟实现交换首尾队员编号。

输出结果为153，147，150，151，152，146 。

6.1.2 应用一维数组

通过对一维数组的学习，我们可以认识到数组定义简单，访问方便，既能存储大量数据，又能快速查询数组元素。我们可以根据数组的下标对元素进行查询、排序等操作，使用数组既可以简化程序，又可以提高代码的可读性。

项目名称　**摘苹果**

文件路径　第6章\案例\项目2　摘苹果.cpp

大智家的院子里有一棵苹果树，树上有许多苹果。其中有10个红苹果已经成熟，这些苹果在树上的位置有的高，有的低。大智想站在地面上摘低处的苹果，站在90cm高的梯子上摘高处的苹果。编程实现，先输入10个苹果到地面的高度，再输入大智伸手所及的高度，最后判断大智最多能摘多少个苹果。假设大智碰到苹果，苹果就会掉下来。

项目准备

1. 提出问题

先输入10个苹果的高度并将其保存在数组中，再输入要比较的数才可以进行比较判断。所以，要思考如下问题。

(1) 苹果的高度要和哪些数据进行比较?

(2) 如何将数据保存在数组中?

(3) 如何统计摘到的苹果数目?

2. 相关知识

输入数据到数组

```
格式：int  a[10];
      for( int i=0; i<10; i++) {
            cin>>a[i];
      }
功能：输入10个数据保存在数组a[]中，使用空格隔开。
```

当输入多个数据时，数据之间使用空格隔开或者按回车键输入下一个数据。

计数器

```
格式：初始化变量s=0;
      如果(摘到苹果)  则
            s++;
功能：s为计数变量，每次累加1。
```

项目规划

1. 思路分析

先将通过键盘输入的苹果高度的数据存储在一维数组a[]中，再输入大智伸手所及的最大高度h。假设大智一直站在梯子上摘苹果，那他所及的最大高度是h+90。所以在小于或等于h+90位置的苹果均可以被摘下来。

2. 算法设计

第一步：定义代表苹果高度的一维数组变量a，使用循环结构通过键盘输入10个整型数据，完成对苹果高度数组的赋值。

第二步：定义变量h，并通过键盘输入变量h的值。

第三步：结合循环结构逐个比较大智站在梯子上的高度与苹果高度的关系，如果h+90>=a[i]，则可以摘到苹果，否则摘不到。

项目实施

1. 编程实现

项目2 摘苹果.cpp

```
1  #include<iostream>
2  using namespace std;
3  int main() {
4      int a[10];                      // 定义数组a
5      for(int i=0; i<10; i++) {       // 输入数据并将其保存在数组a中
6          cin>>a[i];                  // 输入数据给a[i]
7      }
8      int s=0;                        // 定义计数器变量s
9      int h;                          // 定义变量h
10     cin>>h;                         // 输入大智伸手所及的高度
11     for(int i=0; i<10; i++) {       // 循环10次
12         if(h+90>=a[i])   s++;       // 判断并计算可摘到的苹果数目
13     }
14     cout<<"摘到的苹果数 :"<<s;      // 输出可摘到的苹果数目
15 }
```

2. 调试运行

```
120 220 260 160 159 174 227 178 210 241
130
摘到的苹果数 :7
```

输入数据说明：第1行为10个苹果的高度；第2行为大智伸手所及的最大高度。

输出结果说明：第3行为输出结果，可摘到的苹果数为7。

测一测 输入不同的数据，并将输出的结果填写在相应的表格内。

序号	输入数据	输出数据
1	220 221 241 230 122 224 127 231 210 131 131	
2	210 211 231 210 122 214 122 221 211 141 125	
3	220 211 141 240 112 224 124 131 230 230 127	

想一想　请观察程序，思考其中哪些数据和成熟的苹果数量相关？请在程序中作标记。你能用一个变量来替换苹果的数量吗？请将你的想法写在下面的方框中。

项目支持

1. 数组元素的格式

数组元素是组成数组的基本单元。数组元素也是一种变量，其表示方法为数组名后跟一个下标。下标表示元素在数组中的顺序号。

数组元素的一般格式为：数组名[下标]。

下标可以是整型常量或整型表达式。例如，a[5]=a[3]+a[4]、a[i+j]、a[i++]都是合法的数组元素。

2. 数组元素的引用

(1) 数组元素通常也称为下标变量。在C++语言中只能逐个引用下标变量，而不能一次引用整个数组。

例如，输出有10个元素的数组a[10]，必须使用循环语句逐个输出a[i]，而不能仅用一个语句输出整个数组。例如，cout<<a;，此种格式是非法的。同理，cin>>a;也是非法的。

(2) 定义数组时用到的“数组名[表达式常量] ”和引用数组元素时用到的“数组名[下标] ”是有区别的。

例如：

```
int  a[10];                 //定义数组长度为10。
t=a[6]                      //引用a数组中序号为6的元素。
```

项目提升

1. 程序解读

第4行：定义数组a[10]。实际编程时，多定义一个长度最佳，如a[11]。

第6行：每次输入一个数组元素a[i]。

第12行：判断是否可以摘到苹果，如果可以摘到，则计数器加1。因为“碰到苹果，即为摘到苹果”，所以要考虑“等于”的情况。

2. 程序改进

程序如果采用格式输入输出，再结合实际应用，则修改程序如下。

```
#include<iostream>
#include<cstdio>
int a[11];                    //实际应用中，元素较多时，数组在此处定义
using namespace std;
int main() {
    int  s=0,h;               //定义变量，初始化计数器 s
    for(int i=0; i<10; i++) {
        scanf("%d",&a[i]); //输入数组元素值
    }
    cin>>h;
    for(int i=0; i<10; i++) {
        if(h+90>=a[i])  s++;
    }
    printf("摘到的苹果数:%d",s);
}
```

项目拓展

1. 阅读程序写结果

下面的程序段完成了对一维数组的操作，在下面的横线上填写最终的运行结果。

```
1  #include<cstdio>
2  using namespace std;
3  int main() {
4      int a[10],i;
5      for(i=0; i<10; i++) {
6          a[i]=i;                  // 对数组赋值
7      }
8      for(i=9; i>=0; i--) {
9          printf("%d ",a[i]);
10     }
11     return 0;
12 }
```

运行结果：________________

2. 改错题

使用键盘输入6位同学的年龄，下面的程序可以计算出他们的平均年龄，其中有三处错误，快来改正吧！

```
1  #include <iostream>
2  using namespace std;
3  int age[6];                          // 定义数组
4  int main() {
5      float s=0;                       // 初始化求和，变量s=0
6      for(int i = 0; i < 5; i++) {     ❶
7          cin>>age;                    // 输入年龄 ❷
8          s=s+age;                     // 累加年龄 ❸
9      }
10     cout <<endl;
11     cout <<"平均年龄="<<s/6;
12     return 0;
13 }
```

错误❶：__________ 错误❷：__________ 错误❸：__________

3. 编程题

通过键盘输入小组成员的数学成绩，编程找出其中的最高分和最低分并输出。

如输入数据：98 94 92 89 88 91 97。

输出结果：98 88。

6.2 二维数组

在班级座位表中，每位同学的座位都是按行和列排列的。那么，某个同学的位置可以使用第N行、第M列来表示。在C++语言中，可以使用二维数组来表示座位表上的信息。二维数组的每个数组元素由其所在的行和列唯一标明。

6.2.1 声明二维数组

二维数组也是变量，使用之前要定义，同时也可以初始化一定的数据，也就是要对二维数组进行声明。

项目名称 **查询身高**

文件路径 第6章\案例\项目3 查询身高.cpp

按照座位表上的排列方式，把全班同学的身高记录在座位表上，编程根据班级座位的行和列定义二维数组，并存储相应座位上的同学的身高。输入座位所处的行号、列号，查询对应同学的身高。

项目准备

1. 提出问题

定义二维数组来模拟座位表，用行、列序号确定座位表中对应的身高数据。因此要先思考以下问题。

(1) 二维数组的定义格式是什么样的？

(2) 如何把身高数据存放在二维数组中？

2. 相关知识

定义二维数组

定义二维数组和定义一维数组类似，只是比一维数组多定义了一个维度，其定义格式如下。

格式：数据类型 二维数组变量名[行数][列数];

功能：定义二维数组变量。共有数据为行数×列数。

例如：int a [6][5];，其定义了一个有6行5列的二维数组变量a。

此二维数组共有30个整型元素，可见二维数组的行、列标识和班级座位表相似。

黑板　讲台

	第0列	第1列	第2列	第3列	第4列
第a[0]组	a[0][0]	a[0][1]	a[0][2]	a[0][3]	a[0][4]
第a[1]组	a[1][0]				
第a[2]组	a[2][0]				
第a[3]组	a[3][0]				
第a[4]组	a[4][0]				
第a[5]组	a[5][0]				

初始化二维数组

可将二维数组理解为多行一维数组，它的初始化格式如下。

格式：数据类型 二维数组名 [行数][列数]={ {…},
{…},
{…},
……
};

功能：定义二维数组，并初始化值。

注意：{…}表示一行的数据，它是一组用逗号隔开的数据，形同一维数组。

例如：int k[3][2] = {{8,5},{7,9}, {6,3}};。

项目规划

1. 思路分析

先将班级座位按照行、列的形式划分，使用二维数组初始化的方式，对每一行、列的数组元素进行初始化，并依据提供的行变量r和列变量c显示对应同学的身高。

2. 算法设计

第一步：根据班级座位的行、列数定义二维数组。使用二维数组初始化的方式对二维数组进行初始化。

第二步：输入行变量r和列变量c。

第三步：显示相应的二维数组元素值。

项目实施

1. 编程实现

项目3 查询身高. cpp

```
1  #include <iostream>
2  using namespace std;
3  int main() {
4      int h[4][3]=  { {167,171,175},     // 定义二维数组，并初始化
5                      {170,168,166},
6                      {167,165,170},
7                      {174,169,176},
8                    };
9      int r,c;                           // 定义变量r和c表示行列
10     cin>>r>>c;                         // 输入行列数目
11     cout<<"同学身高为："<<h[r][c]<<"cm";
12     return 0;
13 }
```

2. 调试运行

```
3 0
同学身高为：174cm
```

输入数据说明：3表示第3行；0表示第0列。

输出结果说明：第3行中第0列的同学的身高为174cm。

测一测　多次运行程序，输入不同的值，将输出的结果填写在相应的表格内。

序号	输入值	运行结果
1	1 2	
2	2 2	
3	3 0	
4		
5	4 3	

想一想　通过观察上面的多次运行结果，你有何收获？请写在下面的方框中。

项目支持

1. 二维数组初始化

与一维数组一样，二维数组也可以在创建时被初始化。当初始化一个二维数组时，可以将每一行的初始化列表放置在一组花括号中。可分为以下三种情况。

(1) 可以分行给二维数组赋初值。

例如：int a[3][4]={{1，2，3，4}，{5，6，7，8}，{9，10，11，12}};。

如果某行没有初始值，则可以用一个空的花括号“{}”代替。

例如：int a[3][5]={{1,2,5},{},{3,4,10,35,7}};，其初始化后数组各个元素的值如下。

	第0列	第1列	第2列	第3列	第4列
a[0]	1	2	5	0	0
a[1]	0	0	0	0	0
a[2]	3	4	10	35	7

(2) 可以将所有数据写在一个花括号内，按数组排列的顺序对各元素赋初值。

例如：int a[3][4]={1，2，3，4，5，6，7，8，9，10，11，12};。

如果按照数组元素排列的顺序进行初始化，初始化的值可以少于定义数组时的元素个数，但切不可多于元素个数。例如： int a[2][3]={4,5,6,7}; 初始化后该数组元素的值如下。

	第0列	第1列	第2列
a[0]	4	5	6
a[1]	7	0	0

(3) 可以对部分元素赋初值，其余元素为0则省略。

例如：int a[3][4]={{1}，{5}，{9}};。

2. 二维数组元素存放

二维数组中的元素在计算机内存中的排列顺序是按行存放的，即先按顺序存放第1行的元素，再存放第2行的元素，依次类推。下图表示对a[3][4]数组进行存放的顺序，依然是从a[0][0]开始，数据按行存放。

a[0][0]，a[0][1]，a[0][2]，a[0][3]

a[1][0]，a[1][1]，a[1][2]，a[1][3]

a[2][0]，a[2][1]，a[2][2]，a[2][3]

项目提升

1. 程序解读

第4～8行：定义二维数组，并且初始化全部数组元素值。

第10行：输入数据表示行号和列号。

第11行：输出行和列对应的身高数。

2. 注意事项

二维数组由行号、列号确定数组元素，而行号、列号的默认值都是从0开始的。如果定义数组a[3][4]，不可能存在数组元素a[3][4]，行列最大数组元素是a[2][3]。

3. 程序改进

用户使用程序时，希望有友好的提示。使用数组时，尤其需要注意“数组越界”的问题，需要同时判断行和列是否越界。因此此程序修改如下。

```
#include <iostream>
using namespace std;
int main() {
    int h[4][3]= {{167,171,175},
        {170,168,166},
        {167,165,170},
        {174,169,176},
    };
    int r,c;
    cout<<"请输入查询行（组）号：";
    cin>>r;
    cout<<"请输入查询列（位）号：";
    cin>>c;
    if((r>=0&&r<4) && (c>=0&&c<3))
        cout<<"该同学身高为："<<h[r][c]<<"cm";
     else
        cout<<"数组越界，请核实！";
    return 0;
}
```

项目拓展

1. 阅读程序写结果

下面的程序是对二维数组元素进行操作，思考程序运行过程，请把程序的运行结果写在下面的横线上。

```
1  #include <iostream>
2  using namespace std;
3  int main() {
4      int a[3][3]= {{1,2,3},{4,5,6},{7,8,9}};
5      for(int i=0; i<3; i++)    // 循环3次
6          cout<<a[i][i]<<' ';   // 输出二维数组元素值
7      return 0;
8  }
```

运行结果：________________

2. 填空题

3行3列的二维数组中存放着学生的身高。下面的程序段用来求处在9人正中心位置的同学的身高，请把以下横线上空白处填写完整，使程序具有此功能。

```
 1  #include <iostream>
 2  using namespace std;
 3  int main() {
 4      int h[3][3]=  {           // 定义二维数组
 5          {170,168,166},        // 初始化数组第0行
 6          {167,165,170},        // 初始化数组第1行
 7          {174,169,176}         // 初始化数组第2行
 8      };
 9      cout<< ___❶___ <<endl;   // 输出中心位置的同学的身高
10      return 0;
11  }
```

填空❶：________________

3. 编程题

已知二维数组s[3][3]中，每行都保存着一位同学的语数外三科成绩，请编程计算中间一位同学的总分(提示：总分=s[1][0]+s[1][1]+s[1][2])。

87	98	95
97	86	89
95	93	86

6.2.2 应用二维数组

二维数组本质上是以数组作为数组元素，即“数组的数组”。对于二维数组的逐个比较、赋值及其他用法上可完全沿用一维数组的方法。

项目名称 **打擂台**

文件路径 第6章 \ 案例 \ 项目4　打擂台.cpp

擂台是旧时为了比武专设的台子，今天用来进行一些竞技类比赛等。现有一场散打比赛，共有4组选手晋级，对每组4名选手分别编号。评委已经将每位选手的得分打出，请通过键盘输入每位选手的得分，并输出4组选手中的最高分数值以及所在的组号、编号。

项目准备

1. 提出问题

4组数据都要存放在二维数组中，每行一组。由于分数都是正数，可以假设最大值max的初始值为-1，和4组中每个人的成绩进行逐个比较，即可找到最大值。因此要思考如下问题。

(1) 如何按行、列输入数据至数组?

(2) 在比较中，如果发现有更大值，如何更新相关变量?

(3) 如何实现格式输出?

2. 相关知识

循环嵌套结构

二维数组中，数据自然存在的特点是行列分明。因此可以使用双重循环嵌套来实现对行、列数据的操作。

```
for(i=0; i<m; i++)
 {
    for(j=0; j<n; j++)
    {
          执行语句
    }
 }
```

二维数组元素的位置

二维数组中的i和j表示行、列的位置，因此当最大值更新时，位置标记x和y也要随之更新。

```
max=a[i][j];
x=i;
y=j;
```

项目规划

1. 思路分析

将选手的得分存放在二维数组中，使用循环嵌套完成对每组每位选手得分的输入。同时对变量max赋值，即：max=-1;。而后再次使用循环嵌套分别比较每个元素的值与变量max值的大小，如若比max的值大，则赋值给max，同时记录行、列的标号，最后得到最高分。

2. 算法设计

第一步：使用循环嵌套对4*4数组进行赋值。赋值变量max=-1;。

第二步：再次使用循环嵌套依次比较其他数组元素值与变量max值的大小。如若元素值比max值大，则保存较大元素值，并记录较大元素的行、列标号。

第三步：循环完成后，输出最大元素值max及其行号x、列号y。

项目实施

1. 编程实现

项目4　打擂台.cpp

```
1  #include <iostream>
2  using namespace std;
3  int main() {
4      int a[4][4],i,j;                 // 定义二维数组
5      for(i=0; i<4; i++) {             // 循环各行
6          for(j=0; j<4; j++) {         // 循环各列
7              cin>>a[i][j];            // 输入第 i 行第 j 列的元素值
8          }
9      }
10     int max=-1,x,y;
11     for(i=0; i<4; i++) {
12         for(j=0; j<4; j++) {
13             if(max<a[i][j]) {
14                 max=a[i][j];         // 更新最大值 max
15                 x=i;                 // 更新行位置 x
16                 y=j;                 // 更新列位置 y
17             }
18         }
19     }
20     printf("擂主是a[%d][%d]=%d",x,y,max);
21     return 0;
22 }
```

2. 调试运行

```
182 156 178 190
179 186 172 194
186 173 180 187
191 187 189 186
擂主是a[1][3]=194
```

输入数据说明：每行4个数据，用空格隔开，共4行。

输出结果说明：擂主是第1组的3号选手，分数为194。

测一测 多次运行程序，输入不同的数据，将输出的结果填写在相应的表格内。

序号	输入数据	输出结果
1	132 156 178 190 139 136 142 194 156 163 140 177 181 197 149 166	
2	172 156 178 180 169 176 142 174 156 173 190 146 183 164 189 147	
3	162 156 198 180 159 196 152 174 199 183 176 173 176 154 195 157	

想一想 调试程序时，要将大量的数据要重复输入多次，你怕麻烦吗？请把你调试程序时的收获列举几个写在下面的方框中。

项目提升

1. 程序解读

第4行：定义二维数组a[][]。

第5～9行：按行、列输入数据至二维数组a[][]中。

第13行：每次取一个数组元素值与max的值进行比较。

2. 注意事项

为防止出错，输入数据时最好按行输入。一行结束后，按回车键换到下一行输入新数据。数据间要加空格。

3. 程序改进

在程序中输入数据后，可以立刻和max的值进行比较。因此可以把程序中的两处循环嵌套合在一起，程序修改如下。

```
#include <iostream>
using namespace std;
int main() {
    int a[4][4],i,j;
    int max=-1,x,y;
    for(i=0; i<4; i++){
        for(j=0; j<4; j++){
        cin>>a[i][j];          //输入数据
        if(max<a[i][j]) {      //比较数据
            max=a[i][j];       //取最大值
            x=i;
            y=j;
            }
        }
    }
    printf("擂主是 a[%d][%d]=%d",x,y,max);
    return 0;
}
```

项目拓展

1. 阅读程序写结果

阅读下面的程序段，输入8个数字并将其保存在二维数组中，请把程序的运行结果写在下面的横线上。

```
1  #include<iostream>
2  using namespace std;
3  int a[2][4];                          // 定义二维数组
4  int main() {
5      float s=0;                        // 初始化 s=0
6      for(int i=0; i<2; i++) {
7          for(int j=0; j<4; j++) {
8              cin>>a[i][j];             // 输入数据
9              s=s+a[i][j];              // 累加求和
10         }
11     }
12     printf("%.2f",s/(2*4));
13     return 0;
14 }
```

输入：

1 2 3 4

5 6 7 8

运行结果：________________

2. 改错题

下面这段代码是将行、列中的数据互换。其中有两处错误，快来改正吧！

输入数据：

```
1 2 3
4 5 6
7 8 9
```

输出数据：

```
1 4 7
2 5 8
3 6 9
```

```
1  #include<iostream>
2  using namespace std;
3  int a[3][3];
4  int main() {
5      int i,j;
6      for(i=0; i<=2; i++)
7          for(j=0; j<=2; j++)
8              cin>>a[j][i];            ❶
9      for(i=0; i<=2; i++) {
10         for(j=1; j<=2; j++)          ❷
11             cout<<a[j][i]<<" ";
12         cout<<endl;
13     }
14 }
```

错误❶：________________　　错误❷：________________

3. 编程题

编程打印杨辉三角形的前10行，杨辉三角形如下图。

```
        1
      1   1
    1   2   1
  1   3   3   1
1   4   6   4   1
```

6.3 字符数组

C++数据类型中，字符数组是十分有用的类型，常用来存放字符串，有记录或提示的作用，可以让程序生动明了。

6.3.1 声明字符数组

如果一维数组的元素类型是字符型，则这个一维数组就是字符数组。所以字符数组与一维数组的定义格式相同。

项目名称 **成语接龙**

文件路径 第6章\案例\项目5　成语接龙.cpp

成语接龙是中华民族传统的文字游戏，有着悠久的历史，是我国文字、文化的一个缩影。请编写一个成语接龙的游戏程序，让玩家根据提示输入成语，把输入过的成语拼接起来输出。

项目准备

1. 提出问题

成语不是单个的字符，不是简单的字符型，它是一串字符。所以程序中保存字符串实质上用的是字符型数组。请先思考如下问题。

(1) 字符数组如何定义？

(2) 字符串类型和字符数组有何关系？

2. 相关知识

字符类型

字符类型是由一个字符组成的字符常量或字符变量。

字符常量的定义：const 字符常量='字符'，如'a'、'A'等。

字符变量的定义：char 字符变量;，如 char ch，a；等。

字符数组

字符数组一般使用字符型的一维数组来存储。使用char定义字符数组的格式如下。

格式：char 字符数组名[元素个数];
功能：定义字符数组变量。

例如：

```
char ch1[5];       //数组ch1是一个具有5个字符元素的一维字符数组。
char ch2[3][5];  //数组ch2是一个具有15个字符元素的二维字符数组。
```

第一个元素同样是从ch1[0]开始的，而不是从ch1[1]开始的，在定义字符数组变量时进行初始化。如果定义二维数组来保存多个字符串，数组每行保存一个字符串。

例如：

```
char xm[][20]={"何明", "方舟","王军","李雷军","王芳"};
```

同时cout可将数组中的字符逐个输出，直至字符串结束。

```
cout<<xm[0];       //输出 “何明”
cout<<xm[3];       //输出 “李雷军”
```

字符串类型

C++标准库中，string重新定义了字符串，可以定义字符串变量，也可以定义字符串数组。

例如：

```
string str="Hello"; //定义一个字符串数组，它包含5个字符串元素
string name[5]={"Hebi","Nafang","Libo","Hanhan","Sanyun"};  //定义一个字符串数组并初始化。
```

项目规划

1. 思路分析

“成语接龙”游戏规则：将上一个成语的尾字，作为下一个成语的首字，依次“接”出新成语。编写计算机程序模拟该游戏：将用户输入的每一个成语字符串进行前后拼接，最后输出一条首尾相接的“成语长龙”。

2. 算法设计

第一步：定义string数组，用于存放接龙成语。
第二步：使用循环语句模拟成语接龙的游戏过程，直到循环结束。
第三步：使用string类型的字符变量运算输出拼接后的成语。

项目实施

1. 编程实现

项目 5　成语接龙. cpp

```
1  #include<iostream>
2  #include<string>
3  using namespace std;
4  int main() {
5      string cy[4],str1;                        // 定义字符串类型的变量和数组
6      cout<<"请输入四字成语：";
7      cin>>cy[0];                               // 输入第一个成语
8      for(int i=1; i<4; i++) {                  // 循环 3 次
9          cout<<"接上一成语，再输入一成语：";
10         cin>>cy[i];                           // 输入成语
11     }
12     cout<<"------成语接龙完成------"<<endl;
13     for(int i=0; i<4; i++)  str1+=cy[i];     // 连接成语
14     cout<<str1<<endl;                         // 输出拼接后的成语
15     return 0;
16 }
```

2. 调试运行

```
请输入四字成语：五湖四海
接上一成语，再输入一成语：海纳百川
接上一成语，再输入一成语：川流不息
接上一成语，再输入一成语：息息相关
------成语接龙完成------
五湖四海海纳百川川流不息息息相关
```

项目支持

1. 字符常量和字符串常量的区别

字符常量由单引号引起来，字符串常量由双引号引起来，除此以外，还有以下不同点。

(1) 字符常量只能是单个字符，字符串常量则可以是多个字符。

(2) 可以把一个字符常量赋给一个字符变量，但不能把一个字符串常量赋给一个字符变量。

2. 字符数组的赋值

字符数组的赋值类似于一维数组的赋值，赋值分为数组的初始化和数组元素的赋值。初始化的方式有两种：用字符初始化和用字符串初始化。

(1) 用字符初始化数组

例如：char chr1[5]={'a','b','c','d','e'};。

字符数组中可以存放若干个字符，也可以存放字符串。两者的区别是字符串有一个结束符('\0')。反过来说，在一维字符数组中存放着带有结束符的若干个字符称为字符串。字符串是一维数组，但是一维字符数组不等于字符串。

例如：char chr2[5]={'a','b','c','d','\0'};，即在数组chr2中存放着一个字符串"abcd"。

(2) 用字符串初始化数组

用一个字符串初始化一个一维字符数组，可以写成下列形式。

```
char chr2[5]="abcd";
string str1="China Beijing";  //定义一个字符串，同时初始化。
```

3. 字符数组的输入

(1) 字符数组的输入可以用scanf函数和循环结构逐一输入元素的值，元素前用取址符&，格式为%c。例如：

```
char c[10]; int i;
for(i=0; i<10, i++)
    scanf("%c", &c[i]);
```

(2) 用scanf函数整串输入，不用取址符&，只写数组名，格式为%s。按回车键、空格键结束输入。例如：

```
char c[10]; scanf("%s", c);
```

(3) 用gets( )函数一次输入一个整串，按回车键结束输入。对应的字符数组输出用puts()。例如，char str[10]; gets(str); puts(str);。

项目提升

1. 程序解读

第5行：定义了字符串类型的变量str1，相当于字符型的一维数组。定义了字符串数组cy[4]，相当于字符型的二维数组。

第7行：输入一串字符(成语)。

第13行：循环4次把4个成语拼接在一起，保存在一维数组str1中。

第14行：使用cout语句直接输出字符串。

2. 注意事项

输入字符串后按回车键结束，不能使用空格隔开输入的多个字符串。例如，输入“hello world！”，系统只当成一个字符串，不是两个字符串，空格也是字符。

项目拓展

1. 阅读程序写结果

阅读下面的有关字符串操作的程序段，请把程序的运行结果写在下面的横线上。

```
1  #include<iostream>
2  using namespace std;
3  int main()
4  {
5      char str[20];          // 定义字符型一维数组
6      cin>>str;              // 输入字符串
7      cout<<str;
8      return 0;
9  }
```

输入：How are you

运行结果：________________

2. 改错题

以下程序统计了字符串中小写字母的个数，其中有两处错误，快来改正吧！

```
1  #include<iostream>
2  #include<cstring>
3  using namespace std;
4  int main()
5  {
6      int ch[128];_____________// 定义字符型一维数组 ❶
7      int i,ans=0;
8      gets(ch);                // 输入字符串
9      for(i=0;i<=strlen(ch);i++)
10     {
11     if(ch[i]>=a&&ch[i]<=z) // 判断是否为小写字母 ❷
12     ans++;
13     }
14     cout<<ans;
15     return 0;
16 }
```

错误❶：________________　　错误❷：________________

3. 编程题

输入一行字符，编程统计出其中数字字符的个数。如输入一行字符串“There are 2 pencil boxes and 10 erasers on the desk.”，输出为一行，字符串里面数字字符的个数为3。

6.3.2 应用字符数组

字符数组也是字符串，生活中字符串很常见。字符串是C++语言的重要内容。

项目名称　**回文艺术**

文件路径　第6章 \ 案例 \ 项目6　回文艺术.cpp

所谓“回文”，就是正着读和倒着都有意义。如古诗“雨滋春树碧连天”和“天连碧树春滋雨”属于回文。两句诗连起来看是对称的，被称为“回文串”。请编程，输入一串字符，判断是否为回文串。

项目准备

1. 提出问题

通过键盘输入字符串，字符串要存放在字符数组中。因此要思考如下问题。

(1) 字符串中各数组元素是如何存储的？

(2) 如何判断首尾是否对称？

2. 相关知识

字符串的存储

对于字符数组的定义“char s[10] = {"Hello"};”，其在计算机内部的存储方式如下。

数组下标	0	1	2	3	4	5	6	7	8	9
元素值	H	e	l	l	o	\0				

回文的判断

要判断首尾是否对称(回文)，必须将首尾对应的字符一一比较。如果发现有一处不同，则不是回文字符串。

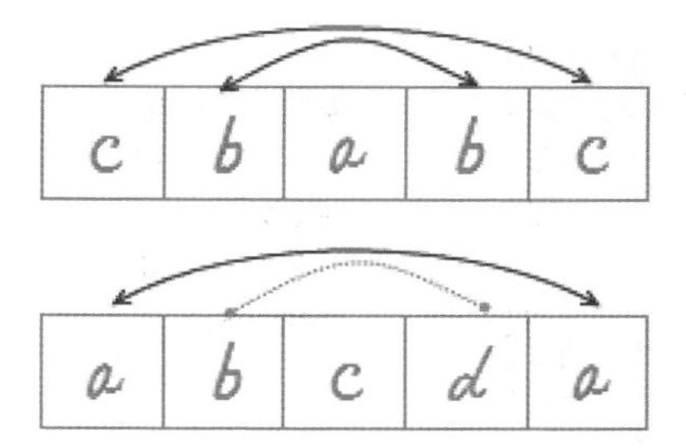

项目规划

1. 思路分析

输入字符串并将其存放在字符数组中，取得字符串的长度。确定首尾字符在数组中的位置，从两头开始比较，逐步向中间靠拢。

2. 算法设计

第一步：定义字符串str，存放要比较的字符串。设定布尔变量flag为真。

第二步：获取字符串的长度。确定字符串的第一个字符位置i和最后一个字符位置j。

第三步：循环比较str[i]和str[j]语句。如果“不等”，则不再比较，跳转到第四步。否则，将i和j向中间靠拢取值，继续比较，即i++，j--，直到比较完成，跳转到第四步。

第四步：通过布尔变量flag的值，判断str是否为回文字符串。

项目实施

1. 编程实现

项目 6　回文艺术.cpp

```
1  #include <iostream>
2  #include <string>
3  using namespace std;
4  int main() {
5      string str;                          // 定义字符串变量 str
6      int i,j,len;
7      int flag = 1;                        // 定义标记变量初始值为 1
8      cin>>str;                            // 输入字符串
9      len = str.length();                  // 获取字符串的长度
10     for (i=0,j=len-1;i<=j;i++,j--) {     // 首尾位置向中间靠拢
11         if (str[i] != str[j]) {          // 判断对应字符是否相同
12             flag = 0;                    // 发现不同，则更改标记
13             break;                       // 跳出循环，不再比较
14         }
15     }
16     if (flag)
17         cout << "YES" << endl;           // flag 仍为 1，是回文串
18     else
19         cout << "NO" << endl;            // flag 被改变为 0
20     return 0;
21 }
```

2. 调试运行

输出结果说明：level是回文字符串，hello不是回文字符串。

测一测　多次运行程序，输入不同的字符串，将输出的结果填写在相应的表格内。

序号	输入字符串	输出结果
1	abcde	
2	noon	
3	yzxxzy	
4	12344321	

想一想　阅读程序，分析第10行，结合学习过的数组知识思考：数组元素起始位置从0开始的好处。将你的想法写在下面的方框中。

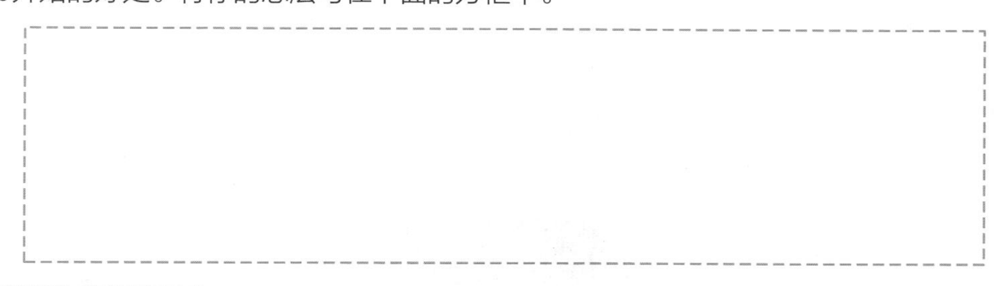

项目支持

1. 字符数组大小

C++字符串有char类型和string类型。string类型结尾没有'\0'，而char类型数组结尾都有'\0'。所以字符数组存储大小=字符串长度+1。

例如：定义char a[6]，字符数组a在内存中占6个字节空间，但最多只能存放5个有效字符，必须给'\0'留一个空间。

常用strlen()函数计算数组中字符串的长度(不包括'\0'结束符)。若计算字符数组a的大小用sizeof()命令，那么sizeof(a)得到的就是a在计算机内存中占用的字节数。例如：

```
1  #include <iostream>
2  #include <cstring>
3  using namespace std;
4  int main(){
5      char m[6]="Hello";
6      cout<<"m[6]占用内存大小："<<sizeof(m)<<endl;
7      cout<<"m[6]有效字符长度："<<strlen(m)<<endl;
8      return 0;
9  }
```

程序运行结果如下。

```
m[6]占用内存大小: 6
m[6]有效字符长度: 5
```

2. 两种输入方式的区别

cin输入

用cin>>读取字符串，当遇到“空格”“Tab”“回车”的时候就会结束此次读取，且结束符并不保存到变量中。例如：

```
1  #include <iostream>
2  using namespace std;
3  int main(){
4      char ch;
5      char ch1[10],ch2[10];
6      cout<<"输入两个字符串："<<endl;
7      cin>>ch1;
8      cin>>ch2;
9      cout<<"两个字符串分别为："<<endl;
10     cout<<ch1<<endl;
11     cout<<ch2<<endl;
12     cin.get(ch);
13     cout << (int)ch << endl;
14     return 0;
15 }
```

程序运行结果如下。

```
输入两个字符串:
abc defg
两个字符串分别为:
abc
defg
10
```

getline输入

getline(istream is,string str,结束符)，此处结束符为可选参数(默认为回车键)。getline()属于string库函数，调用前要加#include<string>。第2个参数为string类型，不再是char类型。getline()接收字符串时，可以接收其中的空格并输出，就是将输入的字符串原封不动地输出，包括中间的空格。例如：

```
1  #include <iostream>
2  #include <string>
3  using namespace std;
4  int main(){
5      string str1,str2;
6      cout<<"输入字符串1："<<endl;
7      getline(cin,str1);
8      cout<<"输入字符串2："<<endl;
9      getline(cin,str2);
10     cout<<"两个字符串分别为："<<endl;
11     cout<<str1<<endl;
12     cout<<str2<<endl;
13     return 0;
14 }
```

程序运行结果如下。

项目提升

1. 程序解读

第5行：定义字符串类型变量str，相当于char [N]。

第9行：使用了string类的常用方法求字符串长度。

第10行：字符串str的长度为len，则首位置为0，尾位置为len-1。“向中间靠拢”即是i++；j--。

2. 注意事项

标记用的变量flag必须有初始值。第13行的break语句不能省略。

3. 程序改进

利用学过的分支结构知识和C++语言特点，程序可以修改如下。

```
#include <iostream>
#include <string>
using namespace std;
string str;
int main() {
    int i,j,len;
    bool flag = true;
    cin>>str;
    len = str.length();
    for (i=0,j=len-1;i<=j;i++,j--) {
        if (str[i] != str[j]) {
            flag = false;
            break;
        }
    }
    cout <<(flag)? "YES": "NO" ;
    return 0;
```

项目拓展

1. 阅读程序写结果

下面的程序段用来对字符串进行相关操作，请把程序的运行结果写在下面的横线上。

```
1  #include<iostream>
2  #include<string>
3  using namespace std;
4  int main()
5  {
6      string str1 = "fang";        // 定义字符串，并初始化
7      string str2 = "zhou";
8      string str3 = str1 + str2;  // 连接两个字符串
9      cout << str3 << endl;
10 }
```

运行结果：________________

2. 改错题

输入一串字符，下面的程序用来把其中的小写字母转换为大写字母，其中有两处错误，快来改正吧！

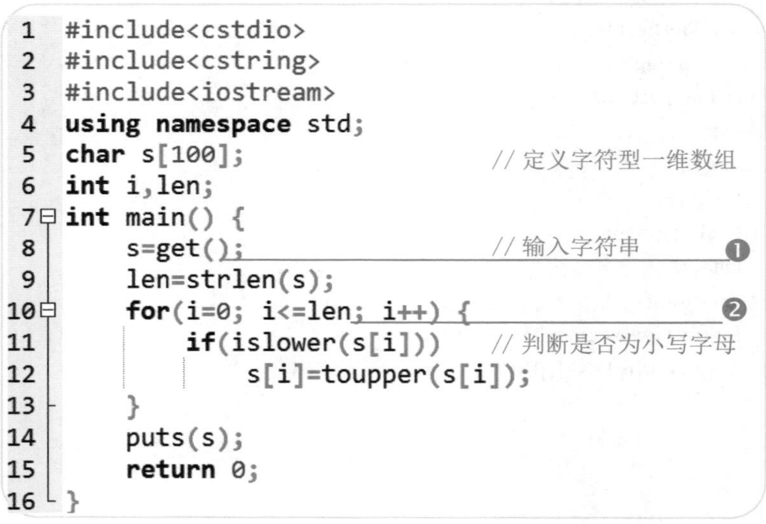

```
1  #include<cstdio>
2  #include<cstring>
3  #include<iostream>
4  using namespace std;
5  char s[100];                 // 定义字符型一维数组
6  int i,len;
7  int main() {
8      s=get();                 // 输入字符串              ❶
9      len=strlen(s);
10     for(i=0; i<=len; i++) {                            ❷
11         if(islower(s[i]))    // 判断是否为小写字母
12             s[i]=toupper(s[i]);
13     }
14     puts(s);
15     return 0;
16 }
```

错误❶：________________　错误❷：________________

3. 编程题

输入一个句子(一行)，编程将句子中每个单词的字母顺序颠倒后再输出。

如输入：hello world 输出：olleh dlrow

第 7 章

函数妙用要记牢

在编写程序时，重复利用代码是提高效率的重要方法之一。在 C++ 中可以利用函数实现一些功能，将复杂的问题分解成许多简单的小问题，从而使代码变得简短且易读。

本章将带领大家了解 C++ 中常用的库函数，使大家能根据个人需求自己定义函数。对于这些函数，我们想什么时候用就什么时候用，想用几次就用几次，可以大大提高编程效率。

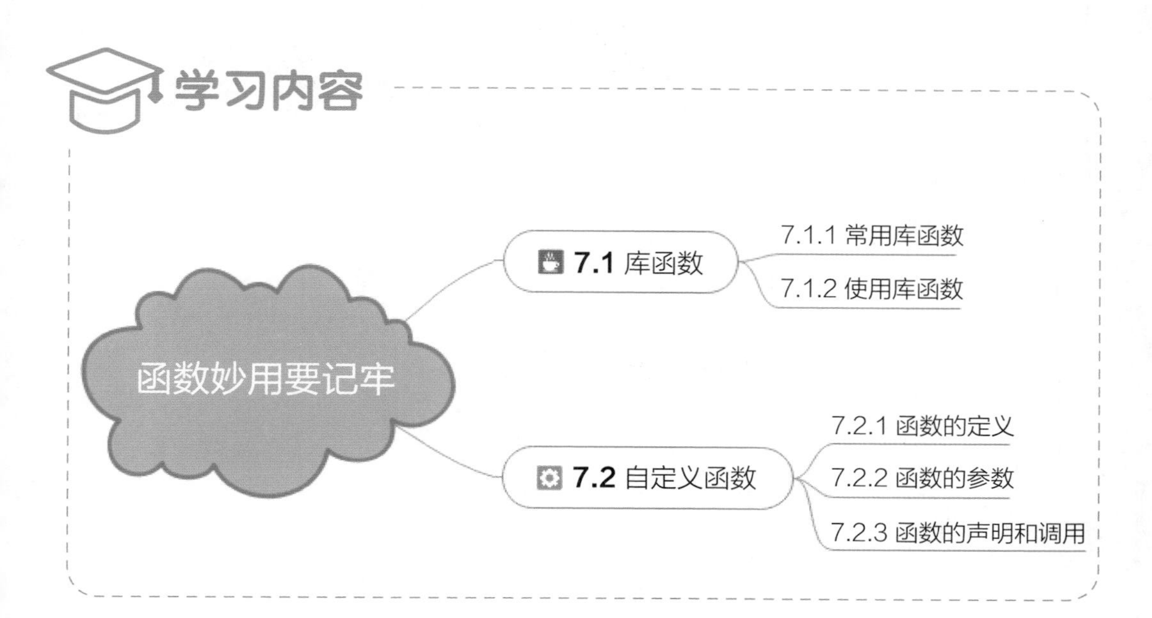

7.1 库函数

函数是一段具有一定功能的代码，我们对它并不陌生，在前面的学习中，每个程序中都含有函数，它就像老朋友一样，可以快速地执行某些功能，让人感觉非常亲切。

7.1.1 常用库函数

在程序设计中，常常将一些常用的功能模块编写成函数。C++常用库中提供了很多预先编写好的函数，如进行数学运算、文件操作等的函数，在编写程序的过程中，可以直接拿来使用。

项目名称 **大富翁**

文件路径 第7章\案例\项目1　大富翁.cpp

函函与好朋友很喜欢玩“大富翁”游戏，两个人掷骰子决定角色是否移动，只要掷出的点数不为0，角色即可移动。试编写一个程序，判断角色是否可以移动。

项目准备

1. 提出问题

要利用库函数判断角色是否可以移动，首先要思考如下问题。

(1) 如何判断点数是否为0?

(2) 如何使用函数?

2. 相关知识

库函数是把函数放到库里，供程序员随时调用。调用的时候需要知道它被包含在哪个头文件中，同时也要遵守一定的格式。

格式1：<返回类型> <函数名>

如 int main( ) 表示主程序main函数的执行。

格式2：<返回类型> <函数名> <参数>

如double abs(double x) 表示求实数x的绝对值。

项目规划

1. 思路分析

在“大富翁”游戏中，不管角色前进还是后退，都可视作角色移动。编写程序时，可以将骰子投掷后显示的步数定义为一个整型变量x，然后判断其绝对值是否为0，只要不为0，即可输入提示语，否则退出。

2. 算法设计

第一步：输入整数x。

第二步：调用abs库函数，判断绝对值是否为0。

第三步：如果不为0，输出提示语。

项目实施

1. 编程实现

项目 1　大富翁. cpp

```
1  #include <iostream>
2  #include <cmath>                      // 包含数学函数的头文件
3  using namespace std;
4  int main()
5  {
6      int x;                            // 定义整型变量
7      cout<<"请输入一个数：  ";
8      cin>>x;
9      x=abs(x);                         // 调用绝对值函数
10     if (x!=0)                         // 判定绝对值是否为0
11     cout<<"角色在移动";
12     return 0;
13 }
```

2. 调试运行

```
请输入一个数：  -5
角色在移动
```

测一测　请编译运行程序，并将输出的结果填写在相应的表格内。

序号	输入	输出
1	10	
2	-3	
3	0	

想一想　观察代码，你认为调用绝对值函数abs()时需要注意什么？请将你的想法写在下面的方框中。

项目支持

1. 主函数

一个程序文件中可以包含若干个函数，但有且只有一个main函数。程序总是从main函数开始执行，在程序执行时main函数可以调用其他函数，其他函数也可以互相调用，但其他函数不能调用main函数。

2. 常用数学函数

在编写程序时，如果需要解决一些数学问题，此时千万不要先急着写代码，C++库中提供了很多数学函数，可以随时调用。

类别	函数名	功能说明
三角函数	double sin (double x)	计算sin(x)的值
	double cos (double x)	计算cos(x)的值
求幂次数	double exp (double x)	求e的x次幂
	double pow (double x, double y)	求x的y次幂
取整	double ceil (double x)	求不小于x的最小整数
	double floor (double x)	求不大于x的最大整数
求绝对值	int abs(int x)	求整型数x的绝对值
	long labs(long x)	求长整型数x的绝对值
取整与取余	double modf (double x, double*y);	返回参数小数部分
	double fmod (double x, double y);	返回两参数相除的余数
平方根	double sqrt (double x)	求x的平方根

项目提升

1. 程序解读

在编写程序时，如果想使用库函数，必须在本文件开头“包含”有关头文件，即使用#include命令。在本程序第9行语句中，abs函数是求绝对值的数学函数，故必须包含头文件<cmath>，abs函数才能被调用。

2. 注意事项

C++是兼容C语言的，数学函数的头文件使用#include <math.h>也是可以的。

项目拓展

1. 阅读程序写结果

阅读以下程序，在下面的横线上填写最终的运行结果。

```
1   #include <iostream>
2   #include <cmath>                    // 包含数学函数的头文件
3   using namespace std;
4   int main()
5   {
6       float  a;
7       cout<<"请输入一个数: ";
8       cin>>a;
9       cout<<"取整后为:"<<floor (a); //调用取整函数并输出
10      return 0;
11  }
```

输入：2.35698

运行结果：________________

2. 填空题

传说，海伦公式是古代的叙拉古国王海伦二世发现的，用于求三角形面积。下面的程序用于计算三角形面积(已知三角形的三条边长，且确定一定能构成三角形)。请把以下横线上空白处填写完整，使用程序具有此功能。

a　　b

c

$$p=\frac{a+b+c}{2},S=\sqrt{p(p-a)(p-b)(p-c)}$$

```
1  #include <iostream>
2  ______❶__________              // 包含数学函数的头文件
3  using namespace std;
4  int main()
5  {
6      int a=5,b=6,c=7;
7      float p,s;
8      p=(a+b+c)/2.0;
9      s=__________❷__________; // 计算三角形面积
10     cout<<"s="<<s;
11     return 0;
12 }
```

填空❶：________________　　填空❷：________________

3. 编程题

曼哈顿距离在城市规划中起着重要作用。在平面直角坐标系中，位于坐标(x1,y1)i点与位于坐标(x2,y2)j点的距离为曼哈顿距离d。试编程输入两个点的坐标，输出它们之间的曼哈顿距离。

输入样例：10 4 6 50

输出样例：曼哈顿距离d=50

7.1.2　使用库函数

在编写C++程序时，学会使用库函数，可以享受到“近水楼台”的乐趣，可以优先使用到很多快捷的功能。不同的函数用法是不同的。

项目名称　**吹牛的小明**

文件路径　第7章\案例\项目2　吹牛的小明.cpp

上信息技术课时，小明告诉同学们，他可以让同学在电脑中随便输入一串字符，不管字符有多乱，10秒钟内他便能统计出其中有多少个字母、多少个数字。同学们都不相信，小明是在吹牛吗?

项目准备

1. 提出问题

要了解小明能否编程实现字母与数字的统计，首先要思考如下问题。

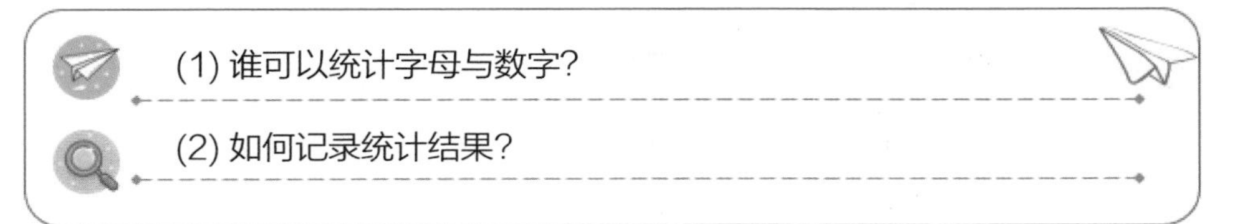

2. 相关知识

C++内置了与字符有关的函数，可对字符进行判断、转换等操作。

函数名	功能说明	例子
int　isalpha(int c)	c是否为字母，若是则返回非0值(不一定是1)，否则返回0	char c='!';　isalpha(c); 结果为0
int　isdigit(int c)	c是否为阿拉伯数字(即0～9)，若是则返回非0值，否则返回0	char c='a';　isdigit(c); 结果为0

项目规划

1. 思路分析

如果有两个统计员，一个负责统计字母，一个负责统计数字，实现程序就会变得很简单。在编写程序时，可以调用库函数isalpha()做字母统计员，调用库函数isdigit()做数字统计员。当有1个字符符合条件时，统计员便开始工作，直至出现句号，结束判断。

2. 算法设计

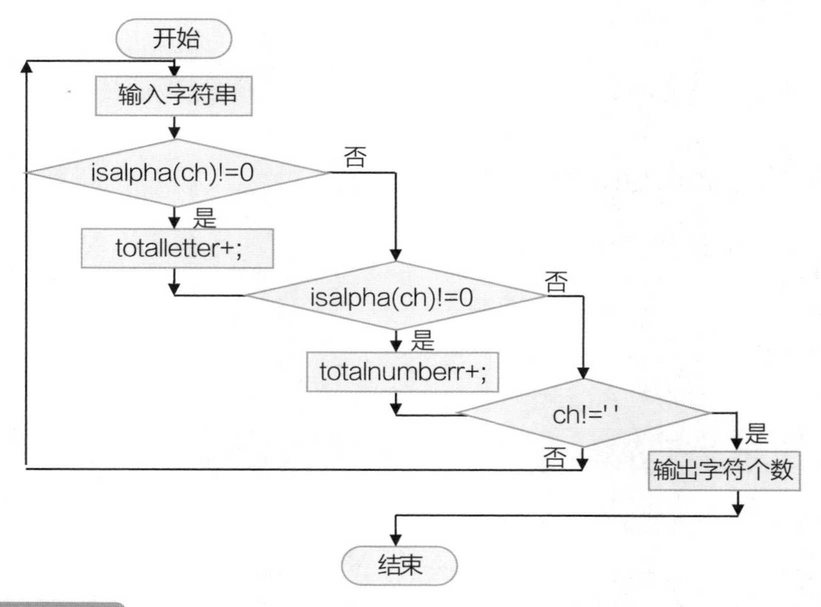

项目实施

1. 编程实现

项目2　吹牛的小明. cpp

```
1   #include<iostream>
2   #include<cctype>          //包含字符处理的头文件
3   using namespace std;
4   int main()
5   {
6   char ch;
7   int totalletter;          //统计字母
8   int totalnumber;          //统计数字
9   totalletter=0;            //初始化
10  totalnumber=0;
11  do
12  {
13  ch=getchar();             //输入字符串
14  if(isalpha(ch)!=0)        //函数判断是否为字母
15                            //只要返回值不是0，则说明是字母
16  totalletter++;            //字母变量加1
17  if(isdigit(ch)!=0)        //函数判断是否为数字
18                            //只要返回值不是0，则说明是数字
19  totalnumber++;            //数字变量加1
20  }
21  while(ch!='.');           //结束符号为.
22  cout<<"字母个数为："<<totalletter<<endl;
23  cout<<"数字个数为："<<totalnumber<<endl;
24  return 0;
25  }
```

2. 调试运行

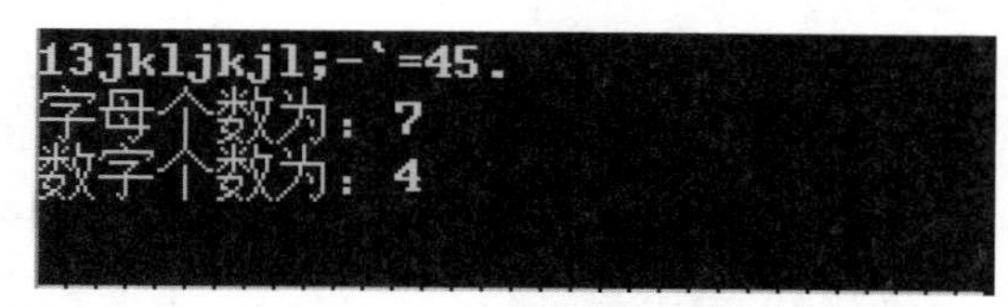

测一测　请运行程序，输入不同的字符串，将输出的结果填写在相应的表格内。

序号	输入字符串	输出结果
1		
2		
3		

写一写　在测试程序的过程中，你发现了什么？请记录在下面的方框中。

项目支持

1. 常用字符串处理函数

C++内置了与字符串有关的函数，可对字符串进行判断、转换等操作。

函数名	功能说明	例子
strlen(char *str)	求字符串str长度	char a[10]={"COPY"}; x=strlen(a); 结果为4
strcat(s1,s2)	连接字符串	strcat("11","aa")="11aa"
copy(s,i,i)	求子串：从字符串s中截取第i个字符开始后的长度为i的子串	copy("abdag",2,3)= "bda"
delete(s,i,i)	删除子串：从字符串s中删除第i个字符开始后的长度为i的子串	s:= "abcde";delete(s,2,3)； 结果为s:= "ae"

2. 其他常用函数

C++还内置了许多具有其他功能的函数，如返回随机数的函数rand()，求最大值的函数max()等。

函数名	功能说明	说明
exit(int)	终止程序执行	做结束工作
int rand(void)	产生一个随机整数	返回随机整数
srand(unsigned int)	初始化随机数产生器	为rand函数提供不同的随机数序列
max(a,b)	求两个数中的大数	参数为任意类型
min(a,b)	求两个数中的小数	参数为任意类型

项目提升

1. 程序解读

在本程序第14行语句中，isalpha函数用于判断字符是否为英文字母，若为英文字母，则返回非0值(小写字母返回2，大写字母返回1) 。

在本程序第17行语句中，isdigit函数用于判断字符是否为十进制数字字符(即阿拉伯数字0~9)，是则返回非0值，否则返回0。所以，在编程时可以通过do循环不断判断，直至出现英文句号，结束循环。

2. 注意事项

isalpha函数与isdigit函数都属于字符处理函数，都必须包含在头文件 #include <cctype >中，否则主程序中将不能调用函数。

项目拓展

1. 阅读程序写结果

阅读以下程序，在下面的横线上填写最终的运行结果。

```
1  #include<iostream>
2  #include<string.h>        // 包含字符串处理的头文件
3  using namespace std;
4  int main()
5  {
6  char p1[10] = "abcd";     // 定义p1字符数组
7  char *p2="ABCD";
8  strcat(p1, p2+2 ); // 把p2+2所指字符串添加到p1末尾处
9  cout<<p1;                // 返回指向p1的指针
10 system("pause");         // 冻结屏幕，便于观察结果
11 }
```

运行结果：________________

2. 填空题

五年级共有20位同学参加跳绳比赛，下面的程序利用max函数能快速找到第1名选手的跳绳成绩。请把以下横线上空白处填写完整，使程序具有此功能。

```
1  #include <iostream>
2  #include<algorithm>      // 包含常用函数的头文件
3  using namespace std;
4  int ans,a[20] ;
5  int main()
6  {
7     int i;
8     for (i=0;i<20;i++)
9        ____❶____          // 依次输入20位同学的跳绳成绩
10    ans=a[0];             // 将第1位同学的成绩设定为初值
11    for (i=1;i<20;i++)
12       ans=max(___❷___);  // 依次进行最大值比较
13    cout<<ans;
14    return 0;
15 }
```

填空❶：________________　填空❷：________________

3. 编程题

班级联欢会上要举行抽奖活动，全班50名同学每人都拿到了1个抽奖号，试编写程序实现抽奖活动，每次抽出5名幸运同学。

7.2 自定义函数

许多同学都喜欢玩“我的世界”游戏，在游戏中，整个世界由各种方块构成，玩家可以用方块随意建造自己的世界。在C++的世界中，函数就是方块。在编程过程中，除了使用库函数，还可使用自己定义的函数。

7.2.1 函数的定义

前面我们用过了很多C++中的标准函数，但这些函数并不能满足所有需求。在编程过程中，需要使用具有特定功能的函数时，必须学会自己定义函数。

项目名称 **童谣传唱**

文件路径 第7章 \ 案例 \ 项目3　童谣传唱.cpp

学校在积极开展行为习惯童谣传唱活动，童谣分为礼仪习惯、运动习惯、饮食习惯3个篇章，函函为了加强记忆，准备编写程序，让它可以根据需要，随时调整各篇章的显示顺序。

项目准备

1. 提出问题

想实现程序功能，除了可以用常规的方法进行输出，还可以通过定义函数来实现，但编写程序前，首先要思考如下问题。

(1) 如何定义函数?

(2) 如何调用函数?

2. 相关知识

C++中，在使用变量、常量时需要定义，同样使用函数时也需要定义。函数的定义格式如下。

格式：<返回类型> <函数名称><参数>
{
函数主体
}
例如：int Number(int s1,int s2)
说明：函数Number有两个整型参数，函数返回类型为int类型。

项目规划

1. 思路分析

为了实现程序功能，可以将童谣的3个篇章，定义成3个不需要返回值的没有参数的函数。在每个函数中，设定相应的输出内容，需要显示哪个篇章，就直接在主程序中调用相应的函数即可。

2. 算法设计

第一步：分别定义Liyi函数、Yundong函数、Yinshi函数，每个函数中输出对应的童谣内容。

第二步：在主程序中按需求顺序调用函数。

项目实施

1. 编程实现

项目 3　童谣传唱. cpp

```
1  #include <iostream>
2  using namespace std;
3  void Liyi()              // 定义礼仪函数
4  {cout<<"礼貌用语挂嘴边  文明有礼记心间"<<endl;}
5  void Yundong()           // 定义运动函数
6  {cout<<"一周锻炼3、5次   每次练够1小时"<<endl;}
7  void Yinshi()            // 定义饮食函数
8  {cout<<"垃圾食品要拒绝   营养均衡不挑食"<<endl;}
9  int main()
10 {
11     Yinshi();            // 调用饮食函数
12     Yundong();           // 调用运动函数
13     Liyi();              // 调用礼仪函数
14 }
```

2. 调试运行

```
垃圾食品要拒绝   营养均衡不挑食
一周锻炼3、5次   每次练够1小时
礼貌用语挂嘴边 文明有礼记心间
```

测一测　请修改程序，并将输出的结果填写在相应的表格内。

序号	修改第 11 行语句	修改第 12 行语句	修改第 13 行语句	执行结果
1		Yinshi();	Yinshi();	
2	Yundong();	Yinshi();	Liyi();	
3	Yundong();			

想一想　在测试程序的过程中，你发现了什么？你认为自定义函数在编写程序时有哪些优势？请将你的想法写在下面的方框中。

项目提升

1. 程序解读

在本程序中，定义的3个函数都属于无参函数，既没有返回值，调用时也无须注明参数。

2. 注意事项

定义函数必须在调用函数之前，否则系统会报错，且函数名首字母一般都为大写字母。

项目名称　**个性口诀表**

文件路径　第7章 \ 案例 \ 项目4　个性口诀表.cpp

通过前面的学习，我们已经学会了利用双重循环嵌套输出乘法口诀表的方法。函函学习了函数后，感觉使用原来的方法输出的口诀表缺少灵活性，太没有个性了。试帮函函编写程序，定义一个函数实现：可以根据需求只输出某个数字的乘法口诀表。

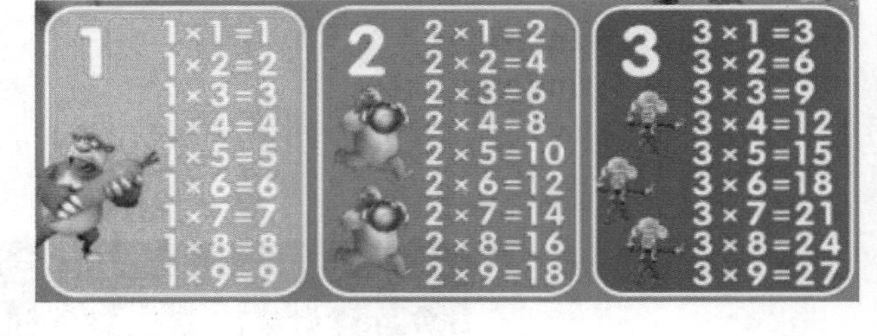

项目准备

1. 提出问题

想根据需求输出乘法口诀表，首先要思考如下问题。

(1) 如何让程序根据需求输出内容？

(2) 定义和调用函数时要注意什么？

2. 相关知识

调用函数时，将函数名和参数列表作为单独的语句，再在后面加上一个分号，构成一条语句，这就称为函数语句调用，其调用过程如下。

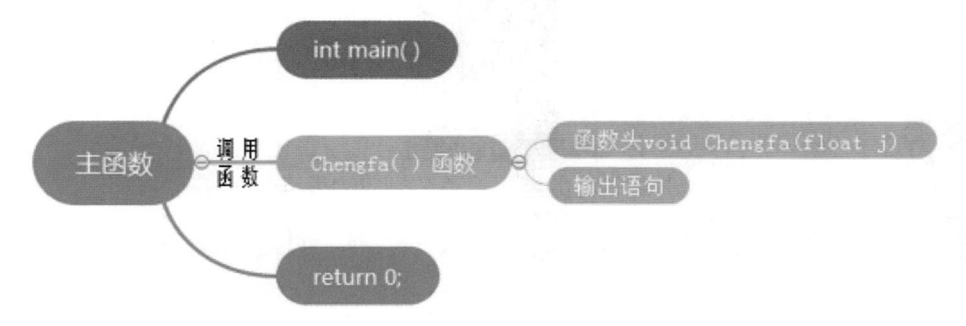

项目规划

1. 思路分析

要实现根据不同需求输出不同内容的功能，必须定义一个带有参数值的函数。这样每次调用这个函数时，都可以输入一个参数值，以输出不同的结果。

2. 算法设计

第一步：定义输出乘法口诀表的函数，将j作为该函数的参数。
第二步：在主程序中调用带参数的函数。

项目实施

1. 编程实现

项目4　个性口诀表.cpp

```
1  #include <iostream>
2  using namespace std;
3  void Chengfa(int j)      // 定义输出乘法口诀表的函数
4  {   int i;
5      for(i=1; i<=9; i++)
6       {
7        cout<<j<<"*"<<i<<"="<<j*i<<endl;
8       }
9  }
10 int main()
11 {
12     Chengfa(3);           // 调用函数，输出 3 的乘法口诀表
13 }
```

2. 调试运行

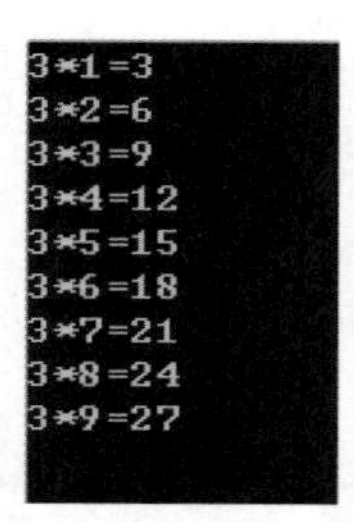

测一测　请修改程序，并将输出的结果填写在相应的表格内。

序号	修改第 12 行语句	执行结果
1	Chengfa(1);	
2	Chengfa(5);	
3	Chengfa(9);	

想一想　定义函数时，参数可以省略吗？如果想输出以下结果，该如何修改程序？请将你的想法写在下面的方框中。

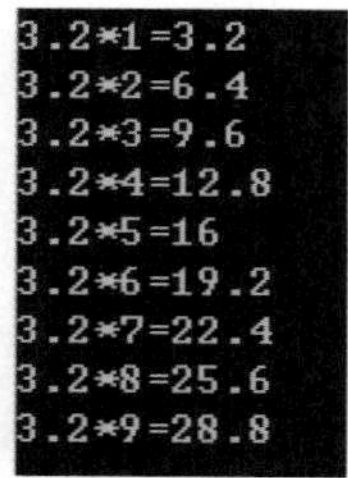

项目支持

1. 函数

在C++语言中，函数由一个函数头和一个函数主体组成，每个组成部分都有着不同的作用。

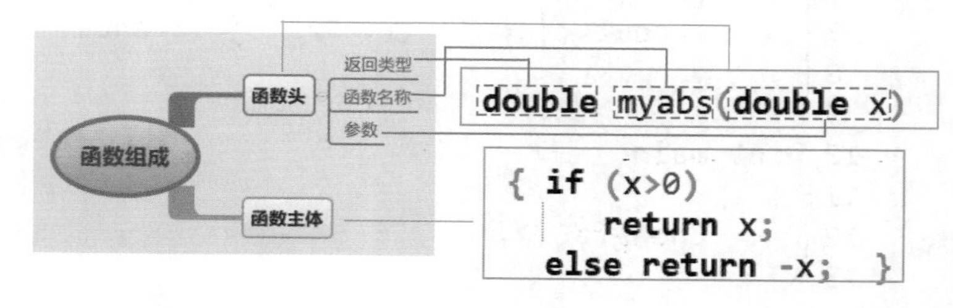

(1) 返回类型

函数的返回类型可能是整型(int)、实型(double)、字符型(char)等，也可能是数组。上图中，函数返回了一个double类型的值。有些函数执行所需要的操作而不返回值，在这种情况下，返回类型的关键字是void。

(2) 函数名称

函数的实际名称。一个程序中除了主函数的名称必须为main外，其余函数的名称按照变量的取名规则命名。

(3) 参数

参数列表包括参数的类型、顺序、数量。在myabs函数中，有一个double型参数x。参数是可选的，定义函数时可以不包含参数。

(4) 函数主体

函数主体包含一组定义函数执行任务的语句。

2. 函数的形态

接收用户数据的函数在定义时要指明参数，不接收用户数据的不需要指明，根据这一点可以将函数分为有参函数和无参函数。函数形态共分为以下四类。

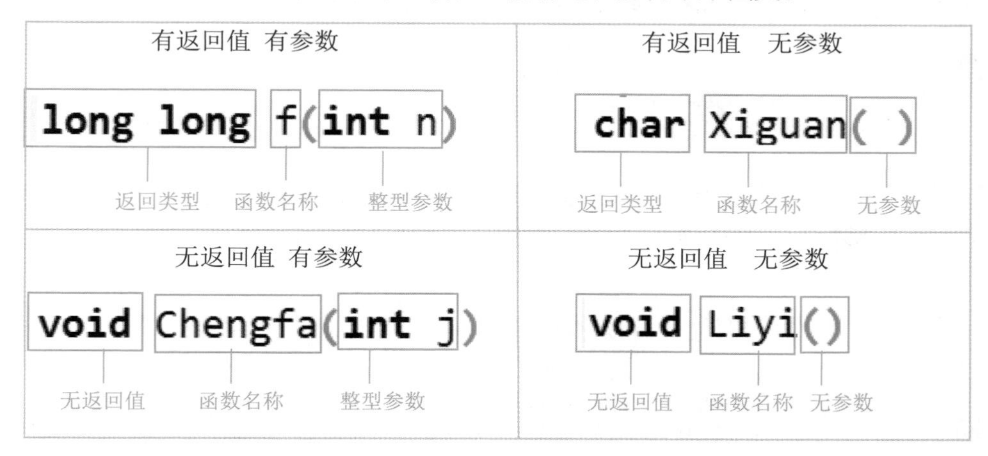

项目提升

1. 程序解读

在本程序第3行语句中，定义了一个没有返回值，但是带有参数的函数。j 表示需要输出乘法口诀表的具体值，在定义函数时，需要注明参数j为整型(int)。

调用函数时，随着参数值的变化，输出结果也会发生改变。比如调用函数Chengfa(2)，则会输出数字2的乘法口诀表。

2. 注意事项

定义函数时，若没有返回值，用void类型表示，此处不能省略。

项目拓展

1. 阅读程序写结果

阅读下面的程序段，在下面的横线上填写最终的运行结果。

```
1  #include <iostream>
2  #include <fstream>
3  using namespace std;
4  void Chengfa(int j)          // 定义输出乘法口诀表的函数
5  {  int i;
6     for(i=1; i<=9; i++)
7      {
8        cout<<j<<"*"<<i<<"="<<j*i<<" ";
9      }
10     cout<<endl;
11 }
12 int main()
13 {
14     int num;
15     for(num=1; num<=3; num++)
16     {
17     Chengfa(num); }          // 调用函数
18 }
```

运行结果：________________

2. 填空题

给定两个非负整数n和m，下面的程序用来编写函数计算组合数C_n^m。请把以下横线上空白处填写完整，使其具有此功能。

提示：$C_n^m=\dfrac{n!}{m!(n-m)!}=C_n^{n-m}$。

```
1  #include<iostream>
2  using namespace std;
3  long long F(int n)          // 定义求阶乘的函数
4  {
5    long long ans=1;
6    for (int i=1;i<=n;i++)
7      ans*=i;
8    return ans;
9  }
10 long long C(int n,int m)
11 {
12     return F(n)/_____❶_____;
13 }
14 int main( )
15 {
16     _____❷_____;           // 调用函数
17  }
```

填空❶：________________　　填空❷：________________

3. 编程题

编写函数，打印出a的b次方。

7.2.2　函数的参数

主函数和被调用的函数之间有数据传递关系。大多数情况下，函数都是带有参数的。使用参数，函数将更加灵活。

项目名称　妈妈的任务

文件路径　第7章\案例\项目5　妈妈的任务.cpp

今年暑假，函函妈妈准备带着函函出国旅游，去游览世界名校中的哈佛大学。出发前，妈妈交给函函一个任务，让函函了解人民币与美元的兑换方式。试帮函函编程，利用函数计算10000元人民币可以兑换多少美元。

项目准备

1. 提出问题

要计算10000元人民币可以兑换多少美元，首先要思考如下问题。

(1) 人民币与美元兑换的汇率是多少?

(2) 需要定义的函数有何功能?

2. 相关知识

函数的参数分为形式参数和实际参数。在定义函数时，函数名后面括号中的变量名称为形式参数，简称“形参”。在调用函数时，函数名后面括号中的参数称为实际参数，也叫“实参”。调用函数将实际参数传递给形式参数，然后执行函数体。

```
double area(int a,int b)——————形式参数
  { return 1/2*a*b;    }

cout<<area(13,5);——————实际参数
```

项目规划

1. 思路分析

要实现程序，首先要了解汇率，人民币兑换美元的汇率为6.7078：1(假设)。又考虑到妈妈需要兑换的钱数可能会发生变化，因此，编写程序时必须定义一个有参数的函数，这个参数就是随时变化的钱数。

2. 算法设计

第一步：定义Duihuan函数，返回类型为float类型，参数变量名为a，参数类型为float类型，表示人民币的金额。

第二步：实现汇率计算，结果仍存在变量a中。

第三步：在主程序中首先给变量a赋一个初始值，类型为整型。

第四步：调用Duihuan函数，同时输出调用函数后的结果及变量a的值，进行比较。

项目实施

1. 编程实现

项目 5　妈妈的任务.cpp

```
1  #include <iostream>
2  using namespace std;
3  float Duihuan(float a)                    // 定义函数
4  {
5      a = a/6.7078;
6      return a;
7  }
8  int main()
9  {
10     int a=10000;
11     cout<<a<<"元人民币可以兑换"            // 调用函数
12         <<Duihuan(a)<<"美元"<<endl;
13     return 0;
14 }
```

2. 调试运行

```
10000元人民币可以兑换1490.8美元
```

测一测　请修改程序，并将输出的结果填写在相应的表格内。

序号	修改第 10 行语句	执行结果
1	int a=8000;	
2	int a=20000;	
3	float a=10000.5;	

想一想　折算汇率时，我们也可以按照1元人民币=0.1490美元的汇率进行计算，如果按此种方式，该如何修改程序代码才能实现此功能呢？请将代码写在下面的方框中。

项目支持

1. 传值参数

“个性口诀表”程序中的Chengfa函数和“妈妈的任务”程序中的Duihuan函数，采用的传递方式都是值传递。函数在被调用时，复制一份实参传递给形参，实参本身没有发生改变。

```
float Duihuan(float a)
```

传值参数（指 a）

2. 地址传参

地址传参传递的是存放这个变量的地址。它好比用邮件给好友发送一个网址，而不是发送整个网站的内容，可以提高传递效率。对形参的指向操作就相当于对实参本身进行操作。

```
float Duihuan(int *a)
{    *a = *a/6.7078;
     return *a;}
 cout<<Duihuan(&a)<<endl<<a;
```

*a：指向实参地址的指针

&a：取得变量 a 的地址

3. 引用传参

定义函数时，在变量类型符号之后形式参数名之前加“&”，则该参数就是引用参数。引用传参就是给变量起了一个别名。比如，你本名叫“函函”，你妈妈会叫你“小函”，它们代表的都是你。形参的变化会保留到实参中。

```
void mySwap(int &a, int &b)
  mySwap(a,b);
```

&a、&b：引用参数

mySwap(a,b);：调用函数

项目提升

1. 程序解读

由程序结果可以看出，原来a的值并没有改变，说明函数传递的并不是原来的值，仅仅是它的复制品。这也说明了在被调用的Duihuan函数中，a的值可以改变，但不影响主函数的参数值。

2. 注意事项

第10行代码，说明在调用函数时，参数类型是可以重新定义的。

项目拓展

1. 阅读程序写结果

阅读下面的程序，在下面的横线上填写最终的运行结果。

```
1  #include <iostream>
2  using namespace std;
3  float Duihuan(int *a)       // 指针作为参数传递
4  {    *a = *a/6.7078;
5       return *a;}
6  int main()
7  {
8       int a=10000;
9       cout<<Duihuan(&a)<<endl<<a;
10      return 0;
11 }
```

运行结果：________________________________

2. 阅读程序写结果

阅读下面的程序，在下面的横线上填写最终的运行结果。

```
1  #include <iostream>
2  using namespace std;
3  float Duihuan(int &a)       //  此时 a 为引用参数
4  {
5       a = a/6.7078;
6       return a;
7  }
8  int main()
9  {
10      int a=10000;
11      cout<<Duihuan(a)<<endl;
12      cout<<a;
13      return 0;
14 }
```

运行结果：________________________________

3. 填空题

给定两个数a、b，下面的程序可利用交换函数快速交换两个数。请把以下横线上空白处填写完整，使其具有此功能。

```
1  #include <iostream>
2  using namespace std;
3  void mySwap(int &a, ___❶___)
4  {
5      int c = a;  a = b;  b = c;
6  }
7  int main()
8  {
9      int a = 1;  int b = 10;
10     cout<<"交换前a="<<a<<" "<<"交换前b="<<b<<endl;
11     ______❷______
12     cout<<"交换后a="<<a<<" "<<"交换后b="<<b<<endl;
13     return 0;
14 }
```

填空❶：________________　　填空❷：________________

7.2.3　函数的声明和调用

在编写程序时，若想调用函数，必须先“告诉”计算机，也就是要先声明函数。声明函数之后，才可以按规定格式调用函数。

项目名称　**判断家庭成员**

文件路径　第7章 \ 案例 \ 项目6　判断家庭成员.cpp

数字王国里，有一户人家，家中有5位家庭成员，一直相亲相爱地生活在一起。一天，家里来了位客人，这位客人想从这户人家的全家福照片中，判断出下一个进门的人是不是其家庭成员。试帮这位客人利用函数编程实现。

项目准备

要判断是否为家庭成员，首先要思考如下问题。

(1) 定义的函数功能是什么样的？

(2) 如何依次进行判断？

项目规划

1. 思路分析

从门口每走进一位就需要进行一次判断，为了避免重复工作，在编写程序时定义一个函数实现判断功能最方便。

要判断是否为家庭成员，定义函数时要返回一个布尔型的值，表示是或否。同时，家庭成员由5个数字组成，判断的过程就是让进门的人与照片上的人逐一去比较，如果相同，则说明数字d为家庭成员。

2. 算法设计

第一步：对Family函数进行声明。

第二步：定义两个变量，正整数f与数字d。

第三步：调用Family函数进行判定，满足条件即输出true，否则输出false。

第四步：定义Family函数，只要f不为0，就可以利用整除取余法，从个位开始取数，然后利用整除运算，依次往高位取数，进行判断。

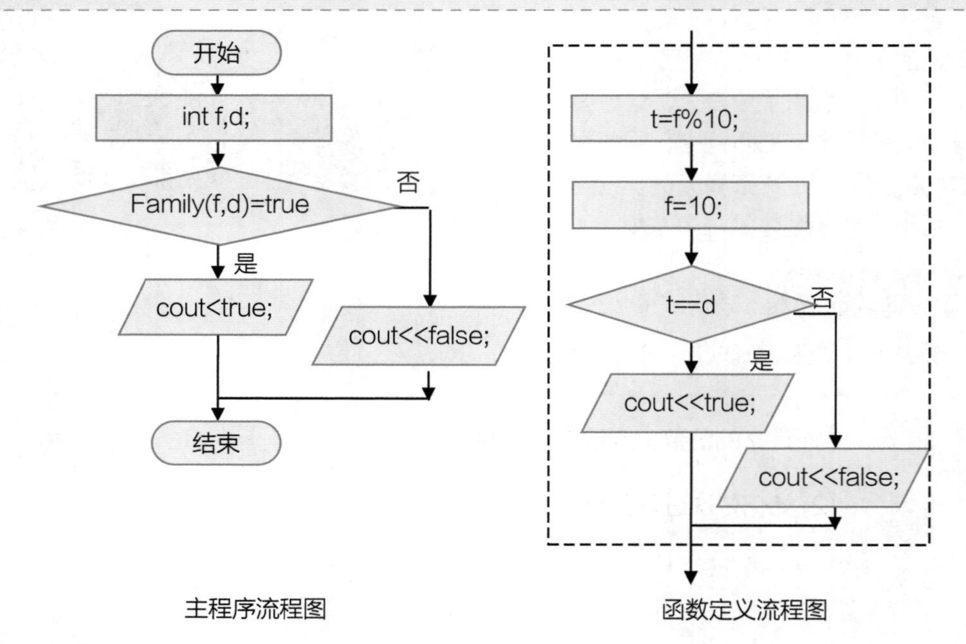

主程序流程图　　　　函数定义流程图

项目实施

1. 编程实现

项目 6　判断家庭成员. cpp

```
1  #include<iostream>
2  using namespace std;
3  bool Family(int,int);                    // 声明函数
4  int main()
5  {    int f,d;
6       cout<<"请输入正整数f与数字d:"<<endl;
7       cin>>f>>d;
8       if(Family(f,d)==true)
9            cout <<"true  "<<d<<"是"<<f<<"的家庭成员"<<endl;
10      else cout<<"false"<<endl;
11      return 0;}
12 bool Family(int f,int d)                 // 定义函数
13 {
14    while (f)                             // f 非 0 即为真，继续判断
15    {int t=f%10;                          // 通过取余运算，从最低位开始取数
16     f=f/10;                              // 整数 f 整除取整
17     if (t==d) return true;               // 进行判断
18     return false;
19 }
```

2. 调试运行

输入：53264 3

运行结果如右图。

```
请输入正整数f与数字d:
53264
3
true   3是53264的家庭成员
```

测一测　运行程序，并将输出的结果填写在相应的表格内。

序号	输入	执行结果
1	23547　7	
2	124879　3	
3	56874　5	

议一议　第3行代码是必须写的吗？如果将它删除会怎么样？请将讨论的结果记录在下面的方框中，并上机验证。

项目提升

1. 程序解读

程序第9行语句，表示在主程序中，调用Family函数，如果函数值返回true，则输出“是家庭成员”的提示。

程序第12行语句，定义一个带有两个参数的Family函数，用整除取余法，从最低位开始取每一数位上的数进行判断，直到取到0为止，结束循环。

2. 注意事项

程序第3行语句，首先对Family函数进行了声明，没有声明的函数，在主函数中是不能被调用的。

项目拓展

1. 阅读程序写结果

阅读下面的程序，在下面的横线上填写最终的运行结果。

```
1  #include<iostream>
2  using namespace std;
3  int x,y;
4  int Gys(int x,int y)      // 定义函数
5  {    int r=x%y;
6       while(r!=0)
7          {x=y; y=r;r=x%y;}
8       return y;
9  }
10 int main()
11 {
12   cin>>x>>y;
13   cout<<Gys(x,y)<<endl;
14    return 0;}
```

输入：12，18　　运行结果：________________

2. 填空题

已知1个六边形，其六边形的面积是4个三角形的面积之和，已知4个三角形各边的长度，求六边形的面积。下面的程序用来求解此题(提示：六边形的面积等于四个三角形的面积)。请把以下横线上空白处填写完整，使其具有此功能。

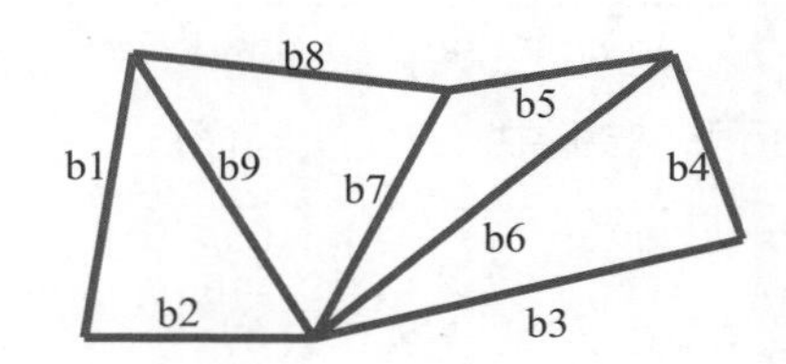

```
1  #include <iostream>
2  #include <math.h>
3  using namespace std;
4  int x,y;
5  int ________❶________          // 定义函数
6  {
7      double p,area;
8      p=(a+b+c)/2;
9      area=sqrt(p*(p-a)*(p-b)*(p-c));
10     return area;
11 }
12 int main()
13 {
14    double b1,b2,b3,b4,b5,b6,b7,b8,b9;
15    cout<<"请输入三角形各边长"<<endl;
16    cin>>b1>>b2>>b3>>b4>>b5>>b6>>b7>>b8>>b9;
17    cout<<area(b1,b2,b9)+area(b7,b8,b9)
18       ________❷________+area(b3,b4,b6);
19     return 0;}
```

填空❶：________________　　填空❷：________________

3. 编程题

四年级有4位男生参加立定跳远比赛，请编写一个排名程序，先输入每位同学的成绩(以厘米为单位)，再输出每位同学的成绩和名次。

输入样例：188　190　192　176

输出样例：188——3

190——2

192——1

176——4

第 8 章

巧用文件输数据

在前面的学习中，我们将通过键盘输入的数据存放在变量中，将运算结果输出到屏幕上。一旦程序重新运行，这些输入、输出的数据都会丢失，很难实现一些大规模数据的录入。因此利用文件将数据保存在存储器中，是非常有必要的。掌握好相应的文件操作是参加编程竞赛的必要条件。

本章主要学习如何对文本文件进行数据的输入输出，以及如何对输入输出的文件进行重定向操作。

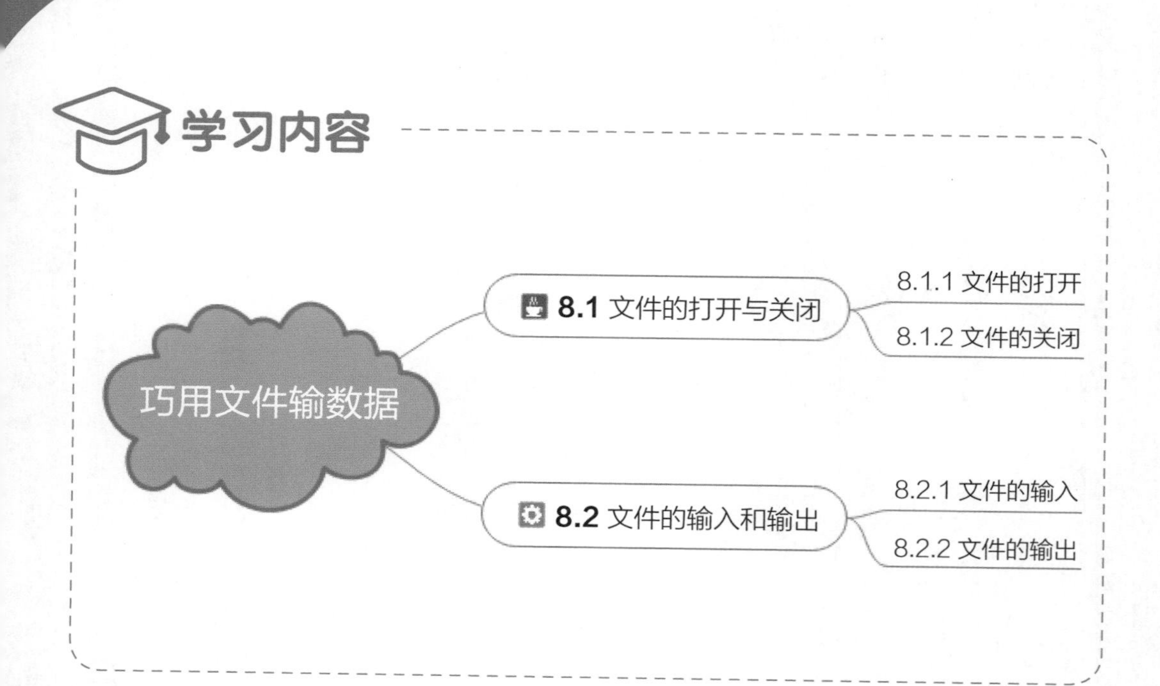

8.1 文件的打开与关闭

C++程序中，要对文本文件进行读写操作，首先要打开文件，打开文件就相当于开门，这是在读写文件之前要做的必要的准备工作。完成工作后，要记得关闭文件，也就是要关门。

8.1.1 文件的打开

在程序中，定义了一些处理数据的基本操作，如读取数据、写入数据等。进行这些操作时，数据像水一样流进流出。这些与输入输出设备有关的数据的流动就可以称之为“流”。文件中的数据能否成功流动，首先就要看文件是否打开。

项目名称　**打开秘密文件**

文件路径　第8章 \ 案例 \ 项目1　打开秘密文件.cpp

作为一名情报员，小C工作一直很出色。一天，小C从敌人的情报库里截获了一个文本文件，里面保存着打开敌人核心弹药库的密码。请帮助小C编程实现功能：把密码显示在计算机屏幕上。

项目准备

1. 提出问题

要在屏幕上显示密码，首先需要思考如下问题。

(1) 如何将程序与文件关联?

(2) 如何从文件中读取数据?

2. 相关知识

英汉词典

◆ **stream**(流)　　◆ **fstream**(文件流)

◆ **ifstream**(输入文件流)　　◆ **ofstream**(输出文件流)

文件操作方式

在C++中，对文件的操作是通过流(stream)的子类——文件流(fstream)来实现的。在头文件fstream中，对文件的操作方式有以下三种。

方式一：ofstream 文件流对象("文件名",打开方式);
　　　　功能：文件写操作，内存写入存储设备。
方式二：ifstream 文件流对象("文件名",打开方式);
　　　　功能：文件读操作，存储设备读到内存中。
方式三：fstream 文件流对象("文件名",打开方式);
　　　　功能：读写操作，对打开的文件可进行读写操作。

项目规划

1. 思路分析

要实现程序功能，小C首先要确认文件存放的路径与文件名。然后在程序中打开文件，与文件建立关联。编写程序时，考虑到必须要先确保文件成功打开，才能操作文件流对象。因此，需要加一个判断语句，判断文件是否被成功打开。只有成功打开了文件，才能将文件中的数据读取出来，输出到屏幕上。

2. 算法设计

第一步：打开文件。

第二步：判断文件是否被成功打开。

第三步：如果被成功打开，将数据从文件中读取出来，直接输出提示语；若打开失败，则退出。

项目实施

1. 编程实现

项目 1 打开秘密文件. cpp

```
1  #include <iostream>
2  #include <fstream>                          // 包含文件操作的头文件
3  using namespace std;
4  int main()
5  {
6  ifstream pw("password.txt");                // 以输入方式打开文件
7      if (!pw)                                // 检查文件是否打开
8      {cout<<"文件打开失败"<<endl;
9      exit(1);
10     }
11     else
12     {char str[80];
13     pw>>str;                                // 将数据从文件中读取出来
14     cout<<str;
15     }
16     return 0;
17     }
```

2. 调试运行

```
弹药库密码:12648643857
```

测一测 请修改程序，并将输出的结果填写在相应的表格内。

序号	修改第 12 行语句	输出 num 的值
1	char str[20];	
2	char str [6];	

想一想 在D盘根目录下，复制一个“password2.txt”文件，如果想成功读取该文件数据，需要将第6行代码修改成什么呢？请把你的想法写在下面的方框中。

项目提升

1. 程序解读

程序第6行语句，表示以输入方式打开文件，其中pw是文件流名称，可以按变量名的命名规则自己定义。打开的文件“password.txt”没有路径，表示该文件与程序在同一文件夹下。

程序第7行语句，if(!pw)语句并不是判断pw是否为0或者为空，而是使用“!”返回一个bool变量来标记文件是否被成功打开。

2. 注意事项

打开的文件“password.txt”没有路径，表示该文件与程序在同一文件夹下。也就是说，如果文件与程序不在同一文件夹下，必须写明要打开文件的完整路径。

项目名称 **保存特工信息**

文件路径 第8章\案例\项目2　保存特工信息.cpp

按上级要求，小C每次获得秘密文件后，都必须在规定时间内，在秘密文件中追加个人信息后上报。试帮助小C编程实现功能：快速将个人信息追加到秘密文件中，且避免重复添加。

项目准备

1. 提出问题

要在文件中添加信息，首先需要思考如下问题。

(1) 打开文件时需要注意什么？

(2) 如何将数据写入文件？

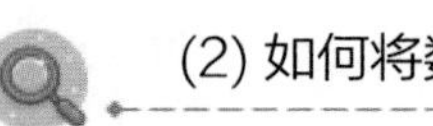

2. 相关知识

在fstream类中，可以先定义文件流对象，再用open函数打开文件，实现类与文件的关联操作。以ofstream为例，其格式如下。

```
格式：ofstream 文件流对象;
      文件流对象.open("文件名",打开方式);
如：ofsteam fs;
    fs.open("文件名",打开方式);
```

项目规划

1. 思路分析

小C要将个人信息追加到秘密文件中，首先要打开文件，打开文件的方式是有条件的，那就是定义以输出、追加的方式打开。建立关联后，仍然要先判断文件是否被打开，如果没有被成功打开，则退出。成功打开后，即可追加数据至文件中。

2. 算法设计

> 第一步：以输出、追加的方式打开文件。
> 第二步：判断文件是否被成功打开。
> 第三步：如果被成功打开，向文件中追加信息；否则，结束程序。

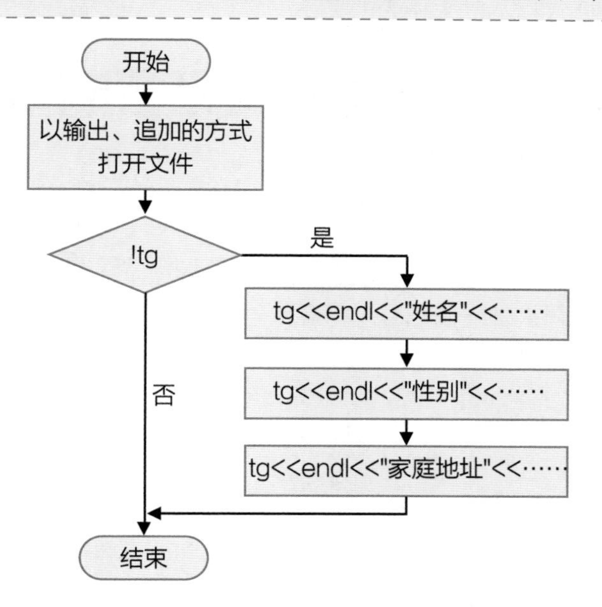

项目实施

1. 编程实现

项目 2　保存特工信息.cpp

```
1  #include <iostream>
2  #include <fstream>                     //包含文件操作的头文件
3  #include<iomanip>                      //包含I/O流控制头文件
4  using namespace std;
5  int main()
6  {
7      ofstream tg;                       // 定义文件流对象
8      tg.open("password.txt",ios::out|ios::app);
9                                         // 以输入、追加的方式打开文件
10     if(!tg)  return 0;                 // 判断文件是否被打开
11       tg<<endl<<"姓名："<<setw(20)<<"小C";  // 追加信息
12       tg<<endl<<"性别："<<setw(20)<<"男";
13       tg<<endl<<"家庭地址："<<setw(20)<<"中国 北京";
14     return 0;
15 }
```

2. 调试运行

打开“password.txt”文件，如右图所示。

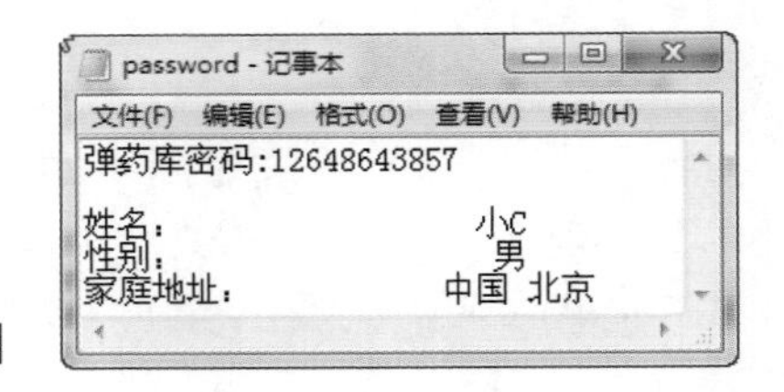

测一测　请修改程序，并将输出的结果填写在相应的表格内。

序号	修改第 11 行语句	修改第 12 行语句	输出
1	tg <<"姓名"<<setw(20)<<"小C";		
2		tg<<endl<<"性别"<<"男";	
3		tg<<endl<<"性别" <<setw(10)<<"男";	

写一写　如果想再追加一条信息“特工代号：007”，该如何增加代码？请把你的想法写在下面的方框中。

项目支持

1. 文件流

文件流是以文件为输入输出对象的数据流，它本身不是文件，而是以文件为输入输出对象的流。那么，什么是流呢？数据就像是水，向文件写入的数据，就像是流入洗漱池的水，它是输入流。而从文件中读取的数据，就像是从蓄水池流出来的水，它就是输出流。若要输入输出文件，必须通过文件流来实现。

2. 打开文件的方式

打开文件的方式有很多种。在使用时，可以用“或”把以上属性连接起来，符号用“|”，表示两者功能都存在。如ios::out|ios::app，表示以输出、追加的方式打开文件。

方式	功能
ios::in	以输入方式打开文件
ios::out	以输出方式打开文件
ios::app	以追加方式打开文件
ios::ate	文件打开后定位到文件尾
ios::trunc	如果文件存在，则先删除该文件

项目提升

1. 程序解读

从程序第7行和第8行语句中可以看出，此程序中的文件打开方式，与“打开秘密文件”项目中文件的默认打开方式是不一样的，ios::out|ios::app表示以输出、追加的方式打开文件，这样才能确保文件被打开后，所有输出附加在“password.txt”文件内容的末尾处，即在数字“7”的后面开始写入。

第9～11行语句是向目标文件写入数据，其中setw(int n)函数用来控制输出间隔，它必须包含在头文件<iomanip>中。程序中，setw(20)表示“姓名”与“小C”之间有19个空格。若输入的内容超过setw( )设置的长度，则按实际长度输出。

2.注意事项

需要注意的是，程序每运行一次，特工信息就会追加保存一次，如程序运行两次后，打开“password.txt”文件，看到的结果如下图所示。

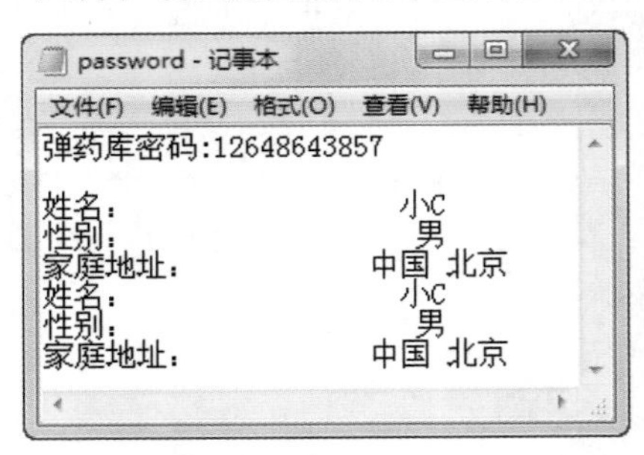

项目拓展

1. 填空题

已知文件中有不超过100个的正整数，下面的程序用来计算它们的和。请把以下横线上空白处填写完整，使其具有此功能。

输入格式(文件sum.in)：1行，多个整数，范围是1～100。

输出格式(文件sum.out)：输出1个整数。

```
1  #include <iostream>
2  #include <fstream>
3  using namespace std;
4  ifstream fin("sum.in");      // 以输入方式打开文件
5   __________❶__________ ;    // 以输出方式打开文件
6  int x,sum;
7  int main()
8  {
9    sum=0;
10   while (fin>>x)              // 依次从输入文件中读取数据
11   sum+=x;                     // 对读取到的数据进行求和
12   __________❷__________       // 将结果写入输出文件中
13   return 0;
14 }
```

填空❶：________________　　填空❷：________________

2. 改错题

小C编写了下面这个程序，在程序中输入年、月、日，屏幕上即可显示该天是这一年的第几天。其中，输入格式(文件ymd.in)：1行，3个整数，分别代表年、月、日，每个整数用空格隔开。输出格式：在屏幕上输出结果。其中有两处错误，快来改正吧！

```
1  #include <iostream>
2  #include <fstream>
3  using namespace std;                 // 包含文件操作的头文件
4  int year,month,date,ans;             // 声明变量
5  int main()
6  {   ifstream ifile("ymd.in") ;       // 以输入方式打开文件
7      if (!ifile)
8      {   cout<<"文件没有被成功打开"<<endl;
9          return 0;  }
10      int a[13]={0,31,28,31,30,31,30,31,31,30,31,30,31};
11       ofile>>year>>month>>date;———————————— ❶
12                                      // 从输入文件中读取数据
13     for (int i=1;i<month;i++) ans+=a[i];
14      ans+=date;
15      if (year%4==0 and year%100!=0 or year%400==0)
16      if (month>2) ans++;
17       fout<<ans; ———————————————————— ❷
18                                      // 在屏幕上输出结果
19     return 0;        }
```

错误❶：________　　错误❷：________

3. 编程题

小青蛙爬井的故事：井深10尺，小青蛙从井底向上爬，白天向上爬3尺，晚上又滑下来2尺。问它第几天能爬上来，答案是第8天。

现在，那只著名的小青蛙又回来了，它现在白天已经可以向上爬m(2<=m<=10)尺了，但是晚上又下滑了n(1<=n<m)尺。如果井深h(10<=h<=200)尺，请编程计算，它第几天可以爬上来。

【输入文件】

文件名：frog.in，文件中有3个整数，分别表示m、n、h。

【输出文件】

文件名：frog.out，文件中只有1个整数，表示第几天可以爬上来。

【输入样例】

3 2 10

【输出样例】

8

8.1.2 文件的关闭

勤俭节约是中华民族的传统美德。生活中，洗完手后一定要记得及时关闭水龙头。在C++程序中，在对已打开的文件进行完读写操作后，也应关闭该文件。

项目名称 **备份秘密文件**

文件路径 第8章\案例\项目3 备份秘密文件.cpp

计算机中的数据只要发生数据传输、数据存储和数据交换，就有可能产生数据故障，数据备份是保护数据的重要手段。特工局工作守则第3条明确规定：重要文件一定要及时备份。于是小C获得秘密文件后，准备通过程序将秘密文件复制一份留存。试编写程序帮助小C实现文件备份的功能。

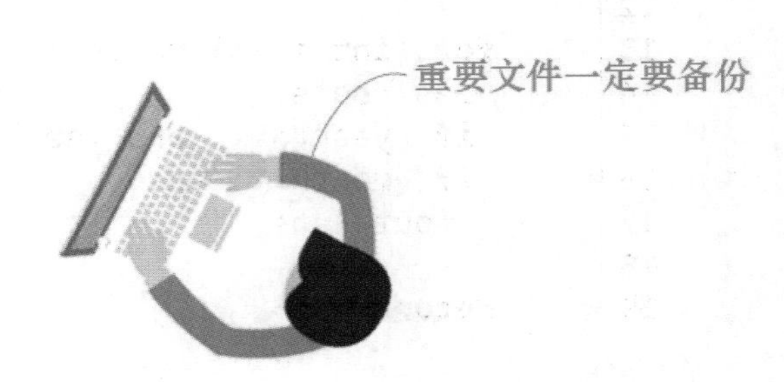

项目准备

1. 提出问题

要编程实现文件备份的功能，必须先打开源文件和目标文件，还要思考如下问题。

(1) 源文件和目标文件的打开方式相同吗?

(2) 如何实现文件备份的功能?

2. 相关知识

所谓关闭文件，实际上是解除该文件与文件流的关联，即不再通过文件流对该文件进行输入或输出。关闭文件用函数close实现。

```
<文件流对象>.close();
    如：file1.close();
```

项目规划

1. 思路分析

小C要实现文件备份的功能，首先要在程序中打开文件，并判定文件是否被成功打开。当原始文件与备份文件都确认被打开后，读取原始文件“password.txt”中的内容，并将其写入备份文件，最后一定要记得关闭文件。

2. 算法设计

第一步：以输入方式打开源文件，并判断文件是否被成功打开。
第二步：以输出方式打开目标文件，并判断文件是否被成功打开，准备写入。
第三步：从源文件中读取字符。
第四步：将字符写入目标文件。

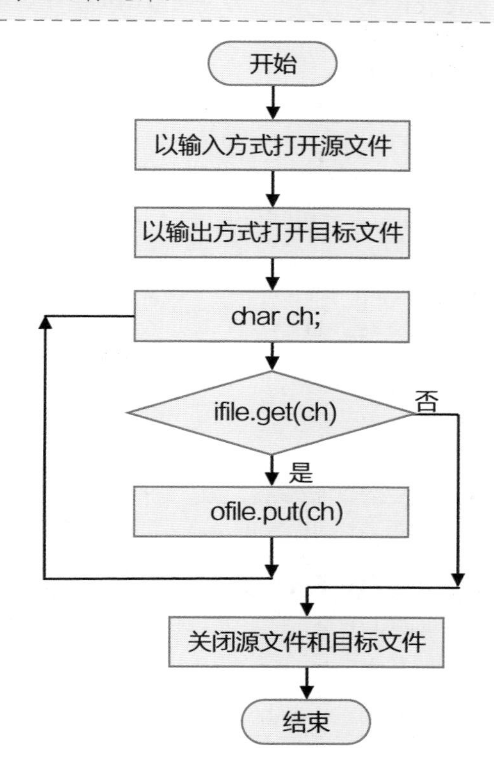

项目实施

1. 编程实现

项目3 备份秘密文件.cpp

```
1  #include <iostream>
2  #include <fstream>
3  using namespace std;
4  int main()
5  {   ifstream ifile("password.txt") ;    // 打开源文件
6      if (!ifile)
7      {   cout<<"密码文件没有被成功打开"<<endl;
8          return 0; }
9      ofstream ofile("e:\\bak.txt");      // 打开目标文件
10     if (!ofile)
11     {   cout<<"备份文件没有被成功打开"<<endl;
12         return 0;  }
13     char ch;
14     while(ifile.get(ch))  // 从源文件中读取一个字符给变量 ch
15     ofile.put(ch);        // 将变量 ch 的值写入目标文件中
16     ifile.close();        // 关闭源文件
17     ofile.close();        // 关闭目标文件
18     return 0;          }
```

2. 调试运行

测一测　请修改程序，并将输出的结果填写在相应的表格内。

序号	修改第 9 行语句	输出
1	ofstream ofile("bak.txt");	
2	ofstream ofile("D:\\bak.txt");	
3	ofstream ofile("e:\\mima\\bak.txt");	

想一想　如果在程序结束之前不关闭文件，即将第16行和第17行代码删除，会不会影响程序运行？为什么要关闭呢？请将你的想法写在下面的方框中。

1. 程序解读

源文件“password.txt”需要定义为以输入方式打开，目标文件“bak.txt”需要定义为以输出方式打开，并通过路径“e:\\bak.txt”将其备份到e盘根目录下。

程序第14行语句，get函数从源文件中读取数据，只要有数据可读，while循环就会一直执行下去。

程序第15行语句，put函数将读取的数据写入“bak.txt”文件中。

2. 注意事项

不管是需要备份的源文件，还是目标文件，在进行读写之前，都必须要成功打开。不同的是，两者的打开方式不同。

项目拓展

1. 阅读程序写结果

```
1  #include <iostream>
2  #include <fstream>
3  using namespace std;
4  int main()
5  {
6  ofstream fout( "E://test.txt" );
7    if (!fout)
8    {
9      cout << "文件不能打开" <<endl;
10   }
11    else
12   {
13     fout << "特工小C棒棒哒."<< endl;
14     cout << "文件能打开" <<endl;
15    }
16    fout.close();
17 }
```

运行结果：__________________

2. 填空题

输入一串字母和数字混合的字符串，下面的程序用来将字符串中的字母和数字分开，分别存入两个不同的文件中。请把以下横线上空白处填写完整，使其具有此功能。

```
1  #include <iostream>
2  #include <fstream>
3  #include <stdlib.h>
4  using namespace std;
5  int main()
6  {
7      char str[100];          // 定义字符串数组
8      cout<<"请输入一串字符串："<<endl;
9      cin>>str;
10     fstream f1,f2;          // 打开文件流
11     char fn1[]="charatcter.txt";
12     char fn2[]="number.txt";
13     f1.open(fn1,ios::out);
14     ______❶______;
15     for (int i=0;str[i];i++)
16     {if (str[i]>=65 && str[i]<=90
17          ||str[i]>=97&&str[i]<=122)
18     f1.put(str[i]);
19     else if(str[i]>=48&&str[i]<=57)
20     f2.put(str[i]);
21     }
22     f1.close();
23     ____❷____;
24 }
```

填空❶：________________　　填空❷：________________

3. 编程题

笨小猴的词汇量很小，所以每次做英语选择题的时候都很头疼，最近它找到了一种方法，可以让选对的几率增大许多！

这种方法是：假设maxn是单词中出现次数最多的字母出现的次数，minn是单词中出现次数最少的字母出现的次数，如果maxn-minn是一个质数，笨小猴就认为是Lucky word，这样的单词很可能就是正确的答案，否则就不是。试编程，帮笨小猴实现此功能。

【输入格式】

输入文件word.in只有1行，是一个单词，其中只可能出现小写字母，并且长度小于

100。

【输出格式】

输出文件word.out共两行：第1行是一个字符串，假设输入的单词是error，那么输出“Lucky word”，否则输出“No answer”；第2行是一个整数，如果输入的单词是error，输出maxn-minn的值为2，否则输出0。

8.2 文件的输入和输出

经过前面这么长时间的学习，我们可以去信息学竞赛中一展身手了。竞赛时的文件操作比较简单，一般只需要同时打开一个输入文件和一个输出文件，所以经常使用一种更加简便的方法重新选择数据的输入输出方式，即输入输出的重定向。

8.2.1 文件的输入

在C++中，我们既可以从键盘输入数据，也可以直接通过文件输入数据。参加竞赛时，多通过文件进行输入。

项目名称 **昆虫繁殖**

文件路径 第8章 \ 案例 \ 项目4 昆虫繁殖.cpp

科学家在热带森林中发现了一种特殊的昆虫，这种昆虫的繁殖能力很强，每对成虫过x个月产y对卵，每对卵经过两个月的时间长成成虫。假设每对成虫不死，第一个月只有一对成虫，且卵长成成虫后的第一个月不产卵(过x个月产卵)，请编程计算，过z个月以后共有成虫多少对?

项目准备

1. 提出问题

要确定成虫的数量，首先需要思考如下问题。

(1) 第z个月的幼虫数量是由什么决定的?

(2) 第z个月的成虫数量又是由什么决定的?

2. 相关知识点

在C++中，cin使用的输入设备是键盘，称之为“标准输入(stdin)”。使用freopen函数可以测试输入的数据，避免重复输入，达到事半功倍的效果。其函数声明如下。

```
freopen(文件名，文件访问方式，stream文件流);
如： freopen ("slyar.in", "r",stdin);
```

文件访问方式主要有3种："r"表示“只读访问”、"w"表示“只写访问”、"a"表示“追加写入”。

stream是需要被重定向的文件流。例如，stdin是标准输入流，默认为键盘；stdout是标准输出流，默认为屏幕；stderr是标准错误流，一般把屏幕设为默认。

项目规划

1. 思路分析

这是一个经典的数学问题，每个月成虫数量的增长趋势如下图所示。每个虫子从幼虫长成成虫需要两个月的时间，也就是告诉我们，第i个月的成虫数量应该是由第i-1个月的成虫数量和第i-2个月的幼虫数量决定的，那么，第i个月的幼虫数量应该是由第i-z个月的成虫决定的。同时，所有的递推关系一定有一个初始值，那就是第一个月只有一对成虫。调试运行前，建立一个“kunchong.in”文本文件记录下x、y、z三个变量的信息，通过文件重定向，将原来的从键盘输入变为从指定文件输入。

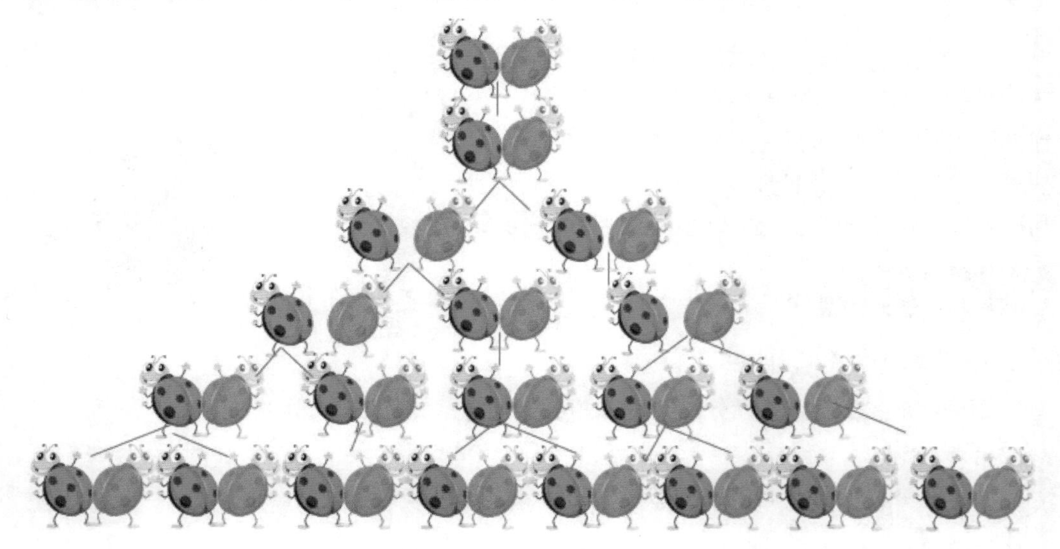

2. 算法设计

第一步：定义输入文件名。
第二步：定义数组与变量。
第三步：输入要计算的数据。
第四步：设置第1个x月成虫、幼虫数量的初始值。
第五步：递归循环计算。
第六步：在屏幕上输出结果。

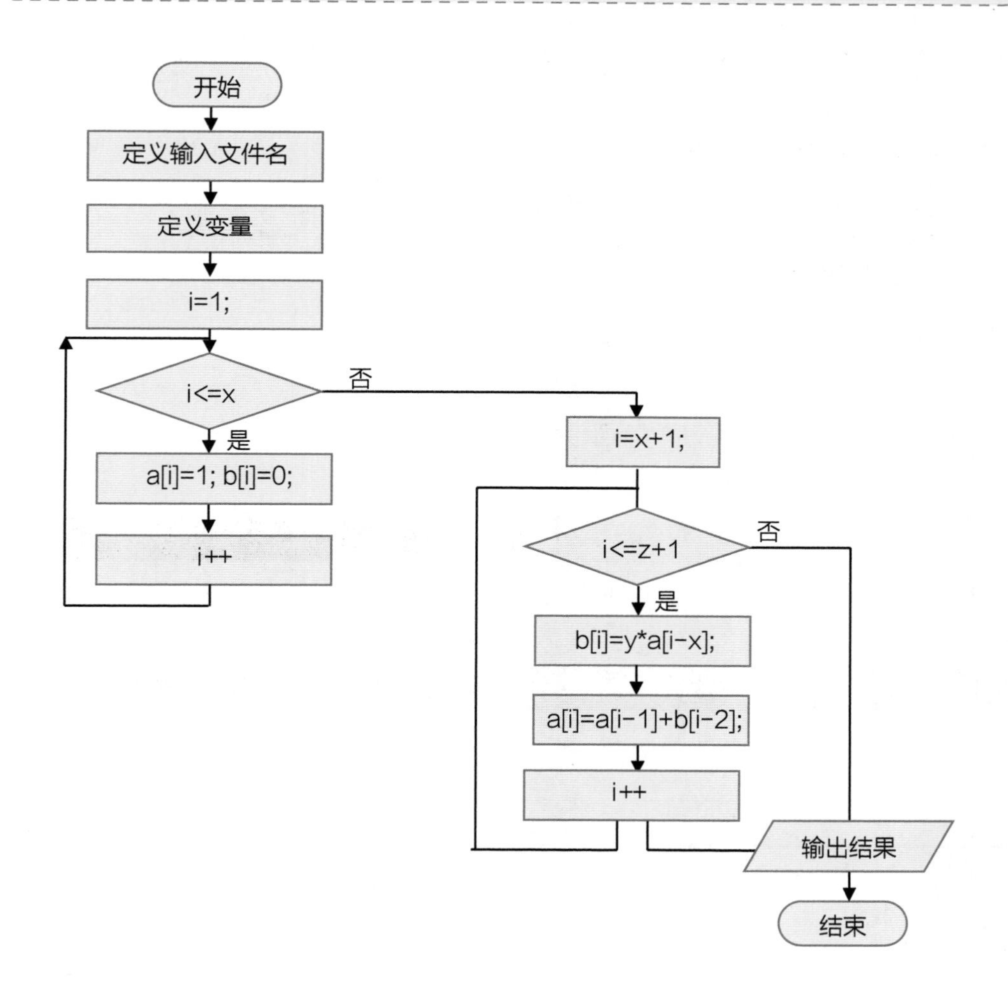

项目实施

1. 编程实现

项目 4　昆虫繁殖.cpp

```
1   #include <iostream>
2   using namespace std;
3   int main()
4   {
5   freopen("kunchong.in","r",stdin);   // 定义输入文件名
6   long long a[101]={0},b[101]={0},i,j,x,y,z;
7   cin>>x>>y>>z;
8   for (i=1;i<=x;i++) {a[i]=1;b[i]=0;}// 第一个 x 月的成虫数量
9   for (i=x+1;i<=z+1;i++)
10  {b[i]=y*a[i-x];   // 第i个月的幼虫数量只与第i-z个月的成虫数量有关
11  a[i]=a[i-1]+b[i-2]; // 第i个月的成虫数量只与第i-1个月的成虫数量和
12  }                   第i-2个月的幼虫数量有关
13  cout<<"过了"<<z<<"个月后,共有成虫对数:";
14  cout<<a[z+1]<<endl;;                  // 输出 z 个月后的结果
15  return 0;
16  }
```

2. 调试运行

输入数据：

运行结果：

```
过了8个月后,共有成虫对数:37
```

测一测　请修改输入文件中的数值，运行程序并将输出的结果填写在相应的表格内。

序号	修改 kunchong.in 文件数据	输出
1	1 2 1	
2	1 2 3	
3	1 2 5	

画一画　你能根据测试数据，画出前5个月幼虫数量的增长趋势图吗？请画在下面的方框中。

项目提升

1. 程序解读

程序第4行语句，表示定义输入文件名时，是重定向只读文件“kunchong.in”到标准输入stdin，这也就意味着运行程序时，将不再从键盘输入，而是直接从in文件中读取数据。定义的两个数组a[ ]、b[ ]分别表示存放成虫数量与幼虫数量的数组变量。

2. 注意事项

因为最终是求第z个月后的成虫对数，所以递归调用时，循环的终值一定是z+1个月。

项目拓展

1. 阅读程序写结果

```
1  #include <iostream>
2  using namespace std;
3  int main() {
4      string s;                          // 定义字符串
5      int num=0;
6      freopen("string.in","r",stdin);
7      getline(cin,s);                    // 在文件中写入字符串
8      for(int i=0; i<s.size(); i++) {
9          if(s[i]>'0'&&s[i]<'9')         // 判断是否是数字
10             num++;
11     }
12     cout <<num<< endl;                 // 输出结果
13     return 0;
14 }
```

输入数据：

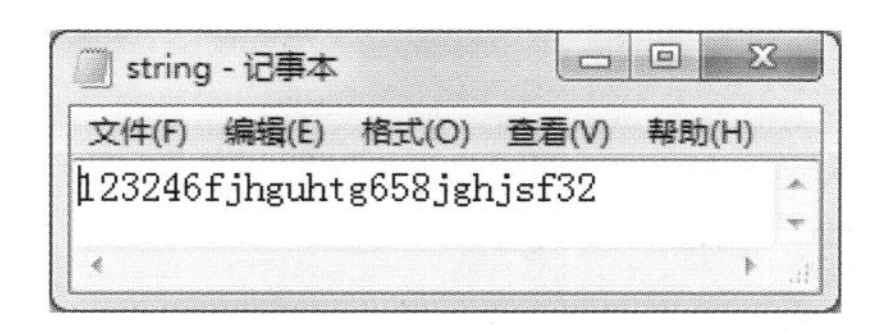

运行结果：________________________________

2. 填空题

函函想编程实现一个计算器功能，输入一个整数K，让程序依据K值自动判定计算任务，并输出结果(数据已保存在“jisuan.in”文件中，第一行有一个值，表示需要判定的个数，后面几行，每行有两个值，分别表示要执行的操作与要计算的数)。请把以下横线上空白处填写完整，使其具有此功能。

```
1  #include <iostream>
2  #include <cstdio>
3  #include <cmath>                          // 包含数学函数的头文件
4  #include <iomanip>                        // 包含流格式的头文件
5  using namespace std;
6  int N,k;
7  double a,b,c,x;
8  const double pi=acos(-1);
9  int main()
10 {
11 freopen("jisuanqi.in",    ❶     );      // 定义输出文件名
12 cin>>N;
13 for (int i=1;i<=N;i++)
14    { cin>>k>>x;
15      if (k==1)
16        {a=sqrt(x);                         // 调用开根函数
17         cout<<a<<setprecision(4)<<endl;}
18      if (k==2)
19        {a=abs(x);                          // 调用绝对值函数
20         ______________❷______________ }
21    }
22    fclose(stdin);                          // 关闭文件，可省略
23     return 0;
24 }
```

填空❶：________________　填空❷：________________

3. 编程题

名名的妈妈从外地出差回来，带了一盒好吃又精美的糖果给他(盒内共有 N 块糖果，20>N>0)。妈妈告诉名名每天可以吃一块或者两块糖果。假设名名每天都吃糖果直到糖果被吃完，问名名共有多少种吃完糖果的方案。假设N＝1、2、3、4的情况如下图所示。

现在给定N，请你编写程序求出名名吃糖果的方案数。

【输入文件】：只有1行，即整数N。

【输出文件】：可能有多组测试数据，对于每组数据，输出只有1行，即名名吃糖果的方案数。

【输入样例】	【输出样例】
1	1
2	2
4	5

8.2.2　文件的输出

C++程序中，文件输出的方式也不是只有一种。参加信息学竞赛时，不仅要求使原来的从键盘输入变为从指定文件输入，还要求使原来的从屏幕输出变为从指定文件输出。

项目名称　**糊涂的体育委员**

文件路径　第8章 \ 案例 \ 项目5　糊涂的体育委员.cpp

班级举行跳绳比赛，担任体育委员的小C负责记录参赛选手的成绩，选手的编号从左往右依次是1、2、3…N。比赛结束后，她才发现犯了一个低级错误，将参赛选手的编号记成了从右往左的顺序。请帮助小C编程实现功能：让成绩反向输出，并保存到文件中。

项目准备

1. 提出问题

要实现程序功能，首先需要思考如下问题。

(1) 如何反向输出选手的竞赛成绩?

(2) 如何将数据保存到文件中?

2. 相关知识点

在C++中，cout使用的输出设备是屏幕，称之为“标准输出(stdout)”， freopen函数重定向文件输出的用法与重定向文件输入的用法一致，如下所示。

```
freopen ("slyar.out","w",stdout);
```

表示将从屏幕输出改为从文件“slyar.out”输出。

项目规划

1. 思路分析

这其实是一个反向输出的问题。此程序中，不再从键盘输入数据，而是从文件输入。输入文件中包含两行数据：第1行是一个整数N，表示参赛的人数；第2行是N个整数，表示小C记录的N位选手的跳绳成绩。

要实现程序功能，可以开设一个下标为0～N的数组a，a[0]记录值为0的个数、a[1]记录值为1的个数……a[N]记录值为N的个数，然后依次输出a[N]、a[N-1]……a[0]即可。以5位参赛选手为例，其思路如下。

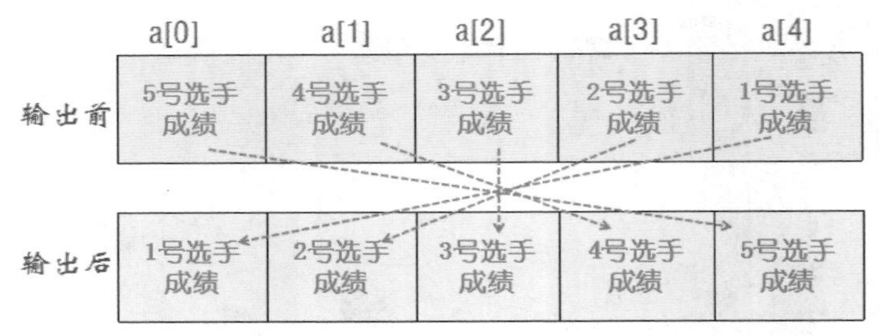

2. 算法设计

第一步：定义输入、输出文件名，分别以只读方式与只写方式打开。
第二步：定义存放人数的整型变量，定义存放成绩的数组变量a[]。
第三步：输入人数N。
第四步：从输入文件中依次读取成绩。
第五步：将成绩反向输出至文件中。

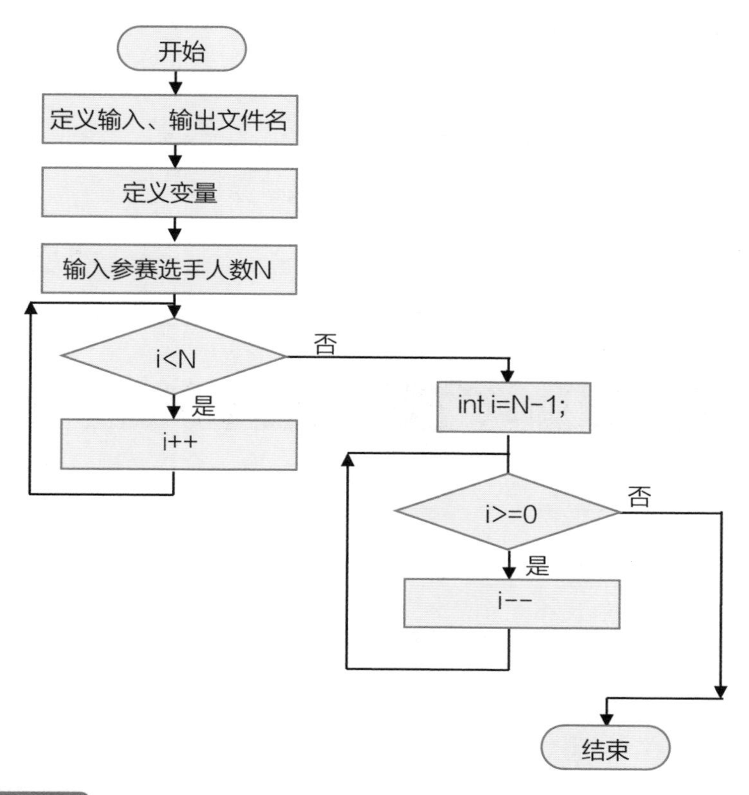

项目实施

1. 编程实现

项目5　糊涂的体育委员.cpp

```
1   #include <iostream>
2   using namespace std;
3   int N,a[10000001];
4   int main()
5   {
6   freopen("fanxiangshu.in","r",stdin);     // 定义输入文件名
7   freopen("fanxiangshu.out","w",stdout);   // 定义输出文件名
8   cin>>N;
9   for (int i=0;i<N;i++)
10      cin>>a[i];
11  for (int i=N-1;i>=0;i--)                 // 反向输出数组
12      cout<<a[i]<<" ";
13      return 0;
14  }
```

2. 调试运行

输入数据：

运行程序后，查看“fanxiangshu.out”文件：

测一测　请修改输入文件“fanxiangshu.in”中的数据，运行程序并将输出的结果填写在相应的表格内。

序号	修改 fanxiangshu.in 文件数据	输出文件数据
1	6 12 152 142 130 56 78	
2	3 120 100 156	
3	8 86 65 49 32 110 146 185 143	

想一想　输入、输出文件必须在程序运行前建立吗？请将你的想法写在下面的方框中。

项目提升

1. 程序解读

在本程序第6行语句中，定义了一个输入文件名“fanxiangshu.in”。在第7行语句中，定义了一个输出文件名“fanxiangshu.out”。程序后面的语句，只要使用标准输入、标准输出就是读写文件操作。程序在执行时，不再从键盘读取数据，也不再从屏幕输出数据，而是从“fanxiangshu.in”文件中读取数据，再将结果保存到输出文件“fanxiangshu.out”中。

2. 注意事项

程序运行前，即使不建立输出文件，在程序运行后也会自动生成文件并保存信息。

项目拓展

1. 阅读程序写结果

```
1  #include <iostream>
2  using namespace std;
3  int main() {
4      freopen("num.in","r",stdin);      // 定义输入文件名
5      freopen("num.out","w",stdout);   // 定义输出文件名
6      int x,s=0;
7      for(int i=0; i<10; i++) {
8          cin>>x;
9          s+=x;
10     }
11     cout <<s*1.0/10 << endl;
12     return 0;
13 }
```

in文件中的数据：____________________________

运行程序后，out文件中的数据：____________________________

2. 填空题

如果一个正整数等于其各个数位上的数字的立方和，如 $407=4^3+0^3+7^3$，则称该数为阿姆斯特朗数。下面的程序用来求1000以内的所有阿姆斯特朗数，并将其保存到文件中。请把以下横线上空白处填写完整，使其具有此功能。

```
1  #include <iostream>
2  using namespace std;
3  int main()
4  {
5  freopen("amu.out", ____❶____);        // 定义输出文件名
6  int i,t,k,a[3];
7  cout<<"比1000小的所有阿姆斯特朗数为：";
8  for(i=2;i<=1000;i++)
9    {
10     for(t=0,k=1000;k>=10;t++)
11       {
12         a[t]=(i%k)/(k/10);
13         k/=10;
14       }
15       if(______________❷______________)
16         cout<<i<<" "; // 如果这个正整数等于其各个数位上的数字的立方和，则输出
17   }
18   return 0;
19 }
```

填空❶：______________　　填空❷：______________

3. 编程题

程序中保存了6种水果的名字，要求用户输入一个与水果有关的句子。程序在已存储的水果名字中搜索，判断句子中是否包含6种水果中的名字。

【输入文件】

输入多行，每行是一个字符串(长度不超过200)。每一个字符串中只有一种水果的名字，不存在一个字符串包含多种水果名字或水果名字重复的情况。

【输出文件】

如果包含水果名字，则用“Fruits”替换句子中出现的水果名字，并输出替换后的句子。如果句子中没有出现这些水果的名字，则输出“You must not enjoy fruit”。

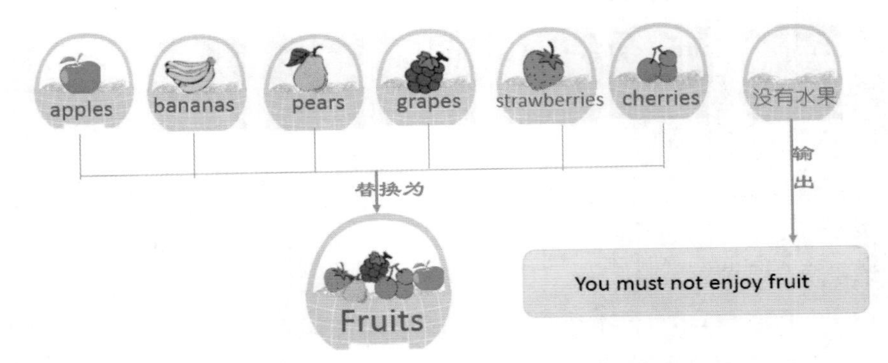

【输入样例】

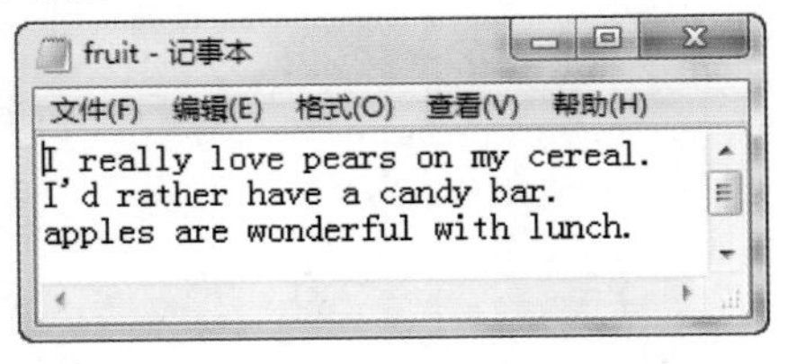

【输出样例】

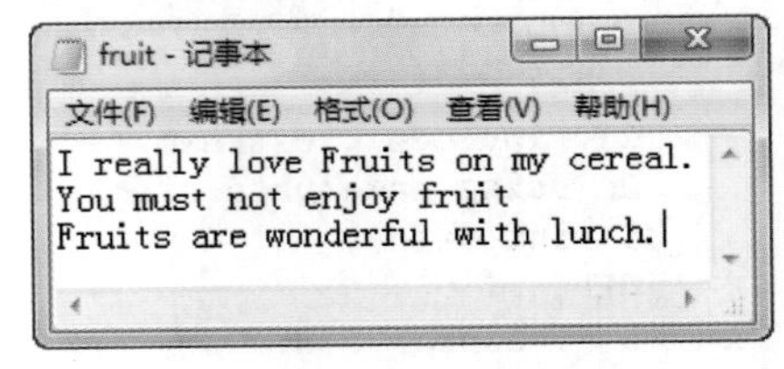

第9章

勇当编程小达人

当你在解答数学题时，是否会因烦琐的计算而陷入困惑呢？当你在享受游戏乐趣时，是否想过：设计者是如何思考的呢？能否换个玩法呢？现实中有很多问题一时难以解决，如果贸然实施，就会耗费大量的人力物力。那么，能借助计算机来预测结果吗？要回答以上问题，就需要综合应用编程技术。因此，本章将通过分析实例，帮助同学们学会解决综合性问题的方法。

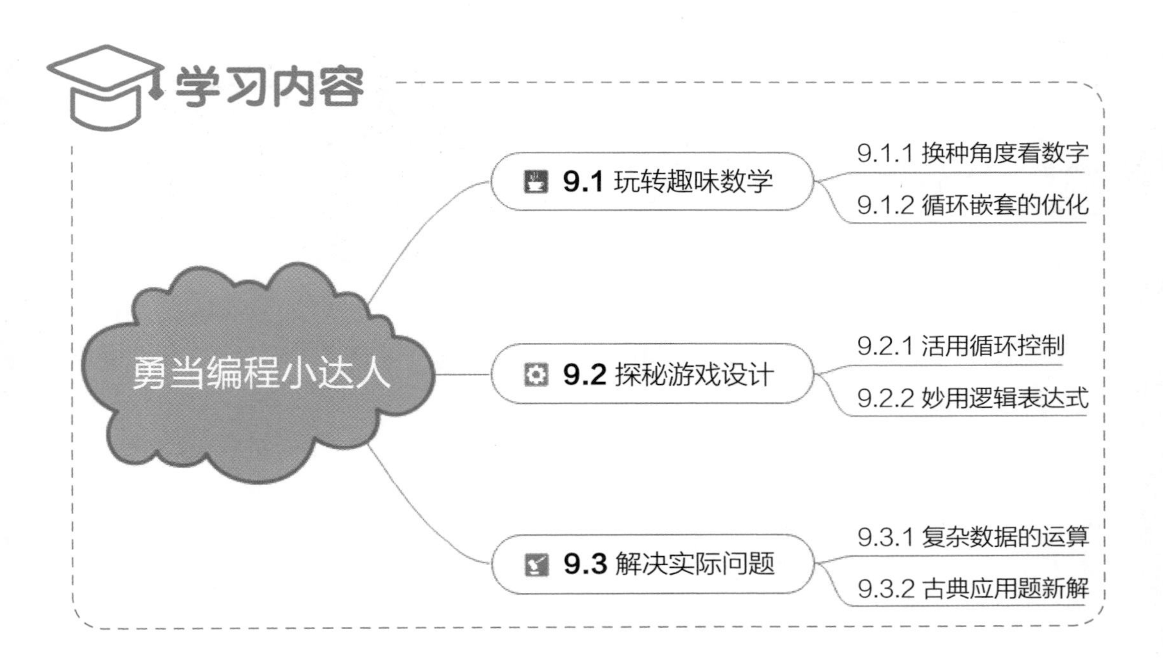

9.1 玩转趣味数学

趣味数学是敲开数学王国的一把金钥匙，它贴近青少年的学习生活，可以激发学生的好奇心。C++是一种逻辑性很强的计算机编程语言，能解决很多数学问题。

9.1.1 换种角度看数字

利用计算机运算快速的优势，可以验证运算结果的全面性，进一步发掘趣味数学的神奇之处。

项目名称 **威力合体**

文件路径 第9章\案例\项目1 威力合体.cpp

变形金刚合体时威力值可以倍增。假设变形金刚的威力值为自然数a，如果两个相同的变形金刚合体后的威力值为a×a。那么合体后的威力值的最后一位不可能是2，3，7，8这4个数字。

如：

1×1=1　　3×3=9　　4×4=16

5×5=25　　12×12=144　　10×10=100

这些数字乘积结果的个位分别是1，9，6，5，4，0。

编程任务：输入自然数a的值，输出合体后的威力值(a×a)的最后一位。

项目规划

1. 思路分析

a的值最大为20位数字，在C++中可以把输入的数字看作字符串。根据题意发现：取a和a乘积的个位，只要将a的个位(数字串的最后一个)相乘，最后取乘积结果的个位即可。

2. 算法设计

第一步：使用gets( )函数输入字符串a[21]。

第二步：使用strlen( )函数取出字符串的长度。

第三步：取出字符串的最后一个字符，转换成数值n。

第四步：输出n×n的值的个位。

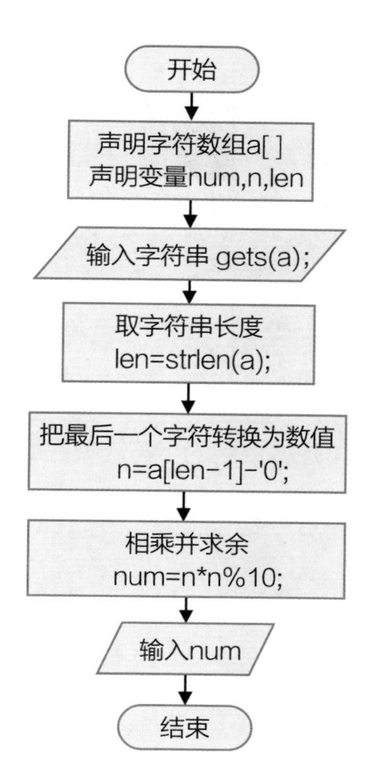

项目实施

1. 编程实现

项目 1　威力合体.cpp

```
1  #include <iostream>
2  #include <cstring>
3  using namespace std;
4  char a[101];              // 定义数组
5  int main()
6  {
7      int len;              // 定义数组长度
8      int num,n;
9      gets(a);              // 获取数字字符串
10     len=strlen(a);        // 取出数字字符串的长度
11     n=a[len-1]-'0';       // 把最后一个字符串转化为数值
12     num=n*n%10;           // 把最后一位相乘求余
13     cout<<num;            // 输出结果
14     return 0;
15 }
```

2. 调试运行

测一测　请修改程序，并将输出的结果填写在相应的表格内。

序号	修改第 11 行语句	修改第 12 行语句	输出 num 的值
1	n=a[len-2]-'0';		
2	n=a[len-1];		
3		num=n*n/10;	

想一想　第11行语句的作用是将取到的字符转换为数值，是否是必须的？请把你的想法写在下面的方框中。

项目提升

1. 程序解读

由于a的值比较大，不能直接把a和a相乘。这里可以把比较大的数看成字符串，但数字字符是不能直接相乘的，必须把数字字符转换成数值(字符-'\0')。

2. 注意事项

字符数组的最后一个字符在第[len-1]的位置。

9.1.2　循环嵌套的优化

组合分析是研究事件如何排列的方法。生活中经常有一些有关排列、组合的数学问题，利用C++语言编程可轻松解决。

项目名称　**炸弹组合**

文件路径　第9章 \ 案例 \ 项目2　炸弹组合.cpp

电影《变形金刚》中，红蜘蛛有红、绿、蓝三色炸弹共12枚，其中红色3枚、绿色

3枚、蓝色6枚。打仗时，红蜘蛛要从12枚炸弹中选择8枚(也称为“12选8”)，每种至少一枚。

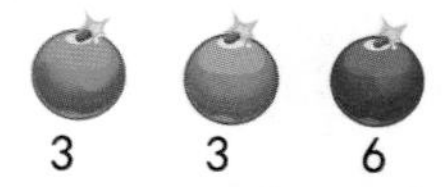

例如，从中取1枚红色炸弹、1枚绿色炸弹和6枚蓝色炸弹，一共8枚，表示为116。

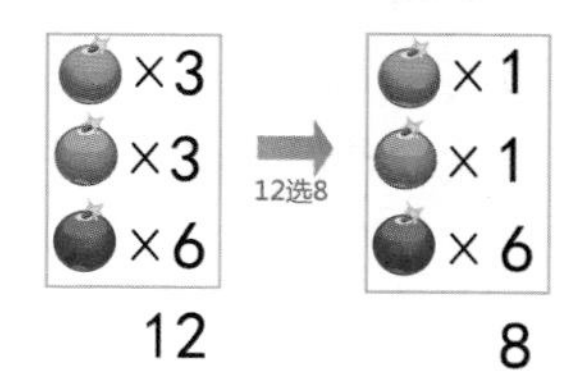

编程任务：输出从12枚炸弹中选8枚的所有组合方式，每组之间使用空格隔开。

项目准备

要计算出炸弹的组合方式，首先需要思考如下问题。

(1) 如何表示三种颜色的炸弹数目?

(2) 选择炸弹时如何控制每种颜色的炸弹数目?

项目规划

1. 思路分析

要求出炸弹组合的多种可能，这里可以采用循环统计的方式。第一组，假设红色炸弹1枚，绿色炸弹1枚，那蓝色炸弹就是8-1-1=6枚。第二组，红色炸弹1枚，绿色炸弹2枚，那蓝色炸弹就是8-1-2=5枚……如此一一列举炸弹的组合方式。

组数	红色炸弹	绿色炸弹	蓝色炸弹
1	1	1	6
2	1	2	5
3	1	3	4
4	2	1	5
5	2	2	4
6	2	3	3
7	3	1	4
8	3	2	3
9	3	3	2

2. 算法设计

第一步：定义3个变量red，green，blue，表示3种炸弹的数量。

第二步：循环3次，每次red取其中一个数(1～3)。

第三步：同样，循环3次，每次green取其中一个数(1～3)。

第四步：根据每次取得的red和green的值，重复计算blue的值(blue=8-red-green)，执行第五步。直到red的取值大于3，程序结束。

第五步：如果0<blue<=6，则输出一种组合。否则执行第四步，继续判断下一种组合。

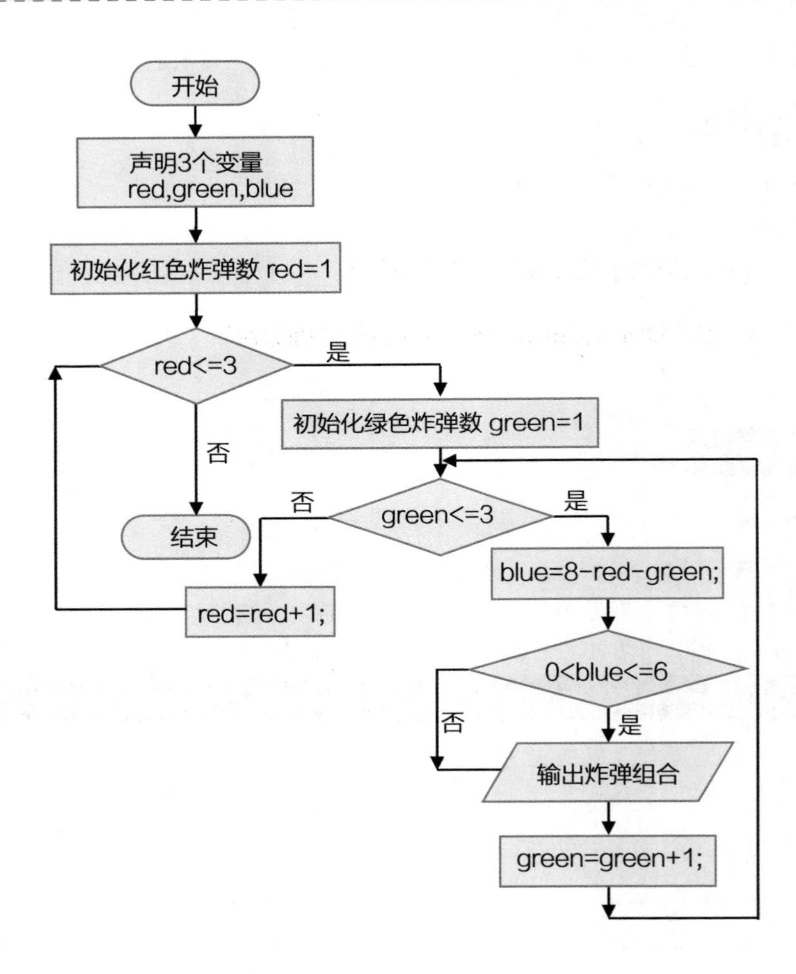

项目实施

1. 编程实现

项目 2　炸弹组合.cpp

```
1  #include <iostream>
2  using namespace std;
3  int main()
4  {
5    int red,green,blue;
6    for(red=1; red<=3; red++)                 // 列举红色炸弹数目
7    {
8      for(green=1; green<=3; green++)         // 列举绿色炸弹数目
9      {
10       blue=8-red-green;                     // 算出蓝色炸弹数目
11       if(blue>0&&blue<=6)                   // 如果不超出蓝色炸弹数目
12         cout<<red<<green<<blue<<' ';
13     }
14   }
15   return 0;
16 }
```

2. 调试运行

```
116 125 134 215 224 233 314 323 332
```

输出结果说明：输出数据共有9组，每组有3个数，分别是3种炸弹的个数。

测一测　请修改程序，并将输出的结果填写在相应的表格内。

序号	修改第 6 行语句	修改第 8 行语句	输出
1	for(red=1;red<=2;red++)		
2	for(red=1;red<=5;red++)		
3		for(green=2;green<=3;green++)	

想一想　如果想在12枚炸弹中取出9枚，该如何修改程序代码呢？请将修改后的代码写在下面的方框中。

项目提升

1. 程序解读

程序代码中有两个for语句结构，其中第6行是外循环，用于列举红色炸弹数目，red初始值为1；第8行是内循环，用于列举绿色炸弹数目，green初始值为1，蓝色炸弹数目为8-red-green；第11行if(blue>0&&blue<=6)保证蓝色炸弹数目不超过6。

2. 注意事项

列举红色炸弹、绿色炸弹数目时，一定不要忘了赋初值，循环的最大值即为原有炸弹的数目。

项目拓展

1. 阅读程序写结果

老师给小朋友分苹果，每个小朋友至少有一个苹果，分得的苹果数目互不相同。请问老师至少要准备多少个苹果？

例如，输入5，表示给5个小朋友分苹果；输出15，表示至少要准备15个苹果。

编程任务：输入小朋友人数n，输出至少要准备的苹果个数。

思路提示：此题是求1+2+3+4+5+…+n的和。

阅读以下程序，在下面的横线上填写最终的运行结果。

```
1  #include <iostream>
2  using namespace std;
3  int main() {
4   long i,apple,n;
5   cin>>n;                    // 输入人数
6   for(int i=1; i<=n; i++)    // 列举每个人分到的苹果个数
7      apple=apple+i;
8   cout<<apple;
9   return 0;
10 }
```

输入：5

运行结果：________________

2. 填空题

某书店有优惠活动：一次购书满100元减20元，满200元打7折。李老师买书的清单如下。

序号	名称	单价
1	《微课制作实例教程(第2版)》	58.00元
2	《Flash多媒体课件制作实例教程(第3版)》	55.00元
3	《PowerPoint多媒体课件制作实例教程(第3版)》	55.00元
4	《多媒体CAI课件制作实例教程(第6版)》	58.00元
5	《Scratch游戏编程趣味课堂》	59.80元
6	《Scratch创意编程趣味课堂》	59.80元
7	《Camtasia Studio微课制作实例教程》	39.00元
8	《翻转课堂与微课制作技术》	40.00元
9	《微课制作实例教程》	39.80元

例如，输入1,1,1,1,1,1,1,1,1，总价格为464.4元，则打7折优惠后为325.08元。

编程任务：输入李老师依次购买各种图书的册数，请根据表中的单价和优惠条件，计算李老师实际支付了多少钱。

思路提示：把图书价格存入数组中，依次输入各种图书册数，把单价×册数的结果计入总价，根据优惠条件，输出实际付款金额。

请把以下横线上空白处填写完整，使程序具有此功能。

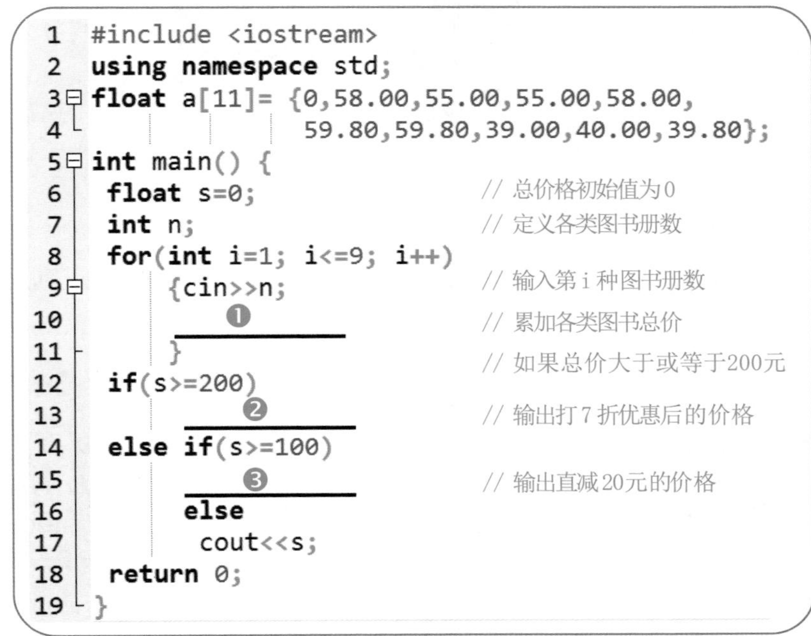

```
1  #include <iostream>
2  using namespace std;
3  float a[11]= {0,58.00,55.00,55.00,58.00,
4               59.80,59.80,39.00,40.00,39.80};
5  int main() {
6   float s=0;                    // 总价格初始值为0
7   int n;                        // 定义各类图书册数
8   for(int i=1; i<=9; i++)
9       {cin>>n;                  // 输入第 i 种图书册数
10          ❶________             // 累加各类图书总价
11      }                         // 如果总价大于或等于200元
12  if(s>=200)
13       ❷________                // 输出打 7 折优惠后的价格
14  else if(s>=100)
15       ❸________                // 输出直减 20元的价格
16      else
17       cout<<s;
18  return 0;
19 }
```

填空❶：________　填空❷：________　填空❸：________

3. 编程题

有一种能量圈(长度小于100)，每一段的能量都是一位数字，如要计算整个能量圈的总能量，必须把每一段相加。这里用一串数字表示一个能量圈，所有数字之和就是能量圈的总能量。

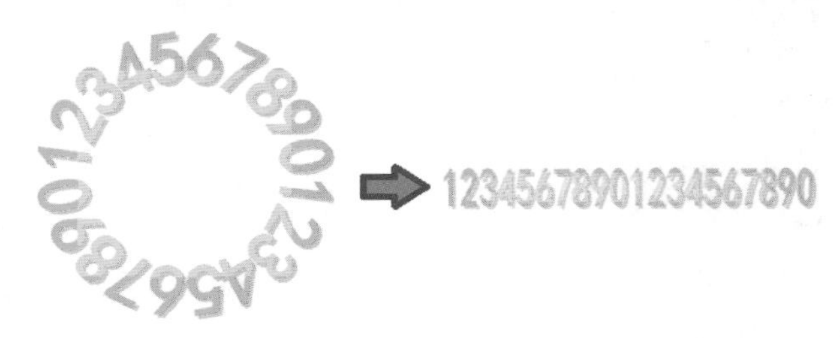

例如，输入一串数字12345，因为1+2+3+4+5=15，所以输出15。

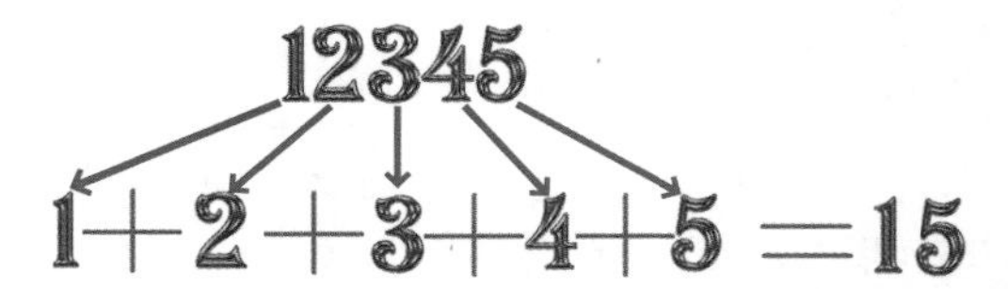

编程任务：输入一串数字，将这个数字的每一位相加求和，并输出。

思路提示：把数字分解，然后求解，但是考虑到数字比较大，可以参考“威力合体”项目，把整数作为字符串读取，逐个把数字字符转换为数值，再参与运算。

9.2 探秘游戏设计

电脑里的益智游戏是计算机程序。电脑游戏的设计离不开程序设计的基本知识。同学们，很庆幸吧！这些都在前面学过，让我们开始探索游戏设计的奥秘吧！

9.2.1 活用循环控制

击鼓传花，也称为传彩球，是一种中国民间游戏，流行于中国各地。利用编程进行游戏设计，可以将复杂的游戏简单化。

项目名称 **击鼓传花**

文件路径 第9章\案例\项目3 击鼓传花.cpp

12位同学按编号坐一圈，玩击鼓传花游戏。鼓声响起，主持人(仅主持)把花递给第1位同学，第1位同学再把花传给下一位，鼓声停止时，持花者要表演节目。当传到第12位同学时，如鼓声不停，则继续传给第1位同学……

例如，假设鼓声每持续1秒，花就被依次传递给下一位同学。鼓声持续13秒，停止后，编号为1的同学表演节目。

编程任务：输入鼓声时长t(t>1)，鼓声停止后，输出要表演节目的同学编号。

项目准备

要确定表演节目的同学编号，首先需要思考如下问题。

(1) 如何判断鼓声是否停止?

(2) 如何控制传递一圈后，花能再次落入第1位同学手中?

项目规划

1. 思路分析

用鼓声时长t来控制循环结构，如t不等于0，说明鼓声还在响，继续把花传给下一位同学。如传递一圈到最后一位同学，鼓声还没有结束，则继续传给起始的第1位同学。

2. 算法设计

第一步：输入鼓声时长t。

第二步：如鼓声不停(t>0)，则执行第三步，否则，执行第四步。

第三步：继续击鼓传花，编号i加1(如i等于12，则重新设置i=0)。每传一次，时间t减1，执行第二步。

第四步：输出同学编号i的值，程序结束。

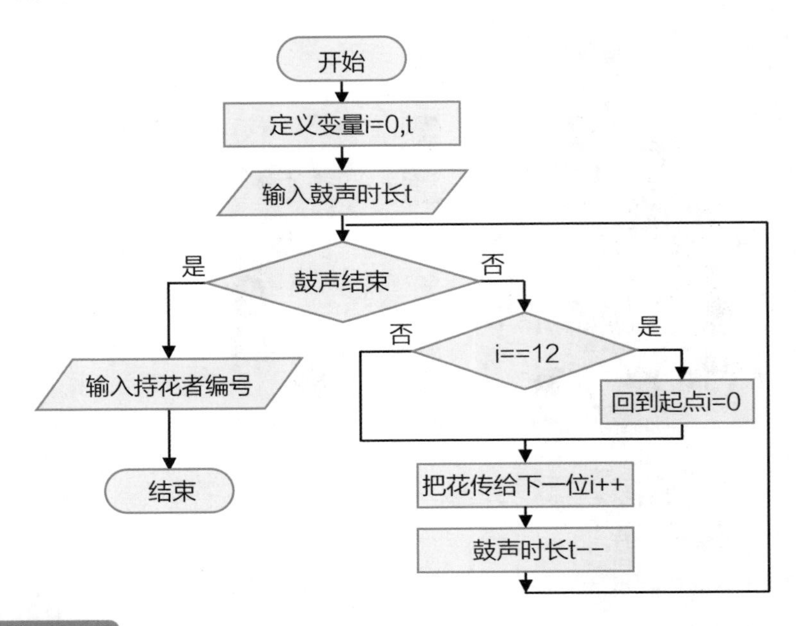

项目实施

1. 编程实现

项目 3 击鼓传花.cpp

```
1  #include <iostream>
2  using namespace std;
3  int main()
4  {
5    int i=0,t;
6    cin>>t;                    // 输入鼓声时长
7    while(t)                   // 鼓声不停(t不为0)，一直循环
8    {
9      if(i==12) i=0;           // 一圈后回到起点
10     t--;                     // 鼓声时长-1
11     i++;                     // 把花传给下一位
12   }
13   cout<<i;
14   return 0;
15 }
```

2. 调试运行

```
13
1
```

输出结果说明：输入鼓声时长13秒，输出要表演节目的同学编号为1。

```
24
12
```

输出结果说明：输入鼓声时长24秒，输出要表演节目的同学编号为12。

测一测　请修改程序，并将输出的结果填写在相应的表格内。

序号	修改第 7 行语句	修改第 9 行语句	输出
1	while(t!=0)		
2		if(i==12) i=1;	

想一想　如果是20位同学围成一圈玩击鼓传花游戏，该如何修改程序代码呢？请将修改后的代码写在下面的方框中。

项目提升

1. 程序解读

在第7行代码中，while语句执行的条件是t≠0，即t为非零，条件为真。所以直接表达为while(t)的格式。

2. 注意事项

第9行代码是为花回到第1位同学手中而准备的，并不是花已经回到了第1位同学手中，因此i=0，而不是i=1。

9.2.2　妙用逻辑表达式

英国数学家布尔用数学方法研究逻辑问题，成功地建立了逻辑演算。他用等式表示判断，把推理看作等式的变换。在C++程序中，我们可以通过逻辑表达式轻松地实现推理过程。

项目名称　**谁是杀手**

文件路径　第9章 \ 案例 \ 项目4　谁是杀手.cpp

X城发生了一起谋杀案，大侦探福尔摩斯通过排查，确定杀人凶手必为4个嫌疑犯中的1个。4个嫌疑犯分别说了如图中所示的供词。

已经确定其中3个人说的是真话，1个人说的是假话。现在根据这些信息，判断到底谁是凶手。

编程任务：根据对供词的分析，输出杀手的编号。

项目准备

要找到杀手，首先需要思考如下问题。

(1) 如何表示4个人的供词?

(2) 如何确定谁是杀手?

项目规划

1. 思路分析

把甲、乙、丙、丁4个人分别用1、2、3、4表示，然后把4个人的供词转换成逻辑表达式。

4 个人的供词	逻辑表达式
甲：不是我	杀手!=1
乙：是丙	杀手==3
丙：是丁	杀手==4
丁：丙在胡说	杀手!=4

逻辑表达式的值只有“真”和“假”，即0和1。如说的是真话，则表达式的值为1，否则为0。使用循环结构依次假设杀手的编号(从1～4中取其一)，每次都对上述4个表达式进行判断，如有3个成立，则找到该题的答案。

2. 算法设计

第一步：初始化ss为1。

第二步：如循环没有结束(ss<5)，则执行第三步，否则，执行第四步。

第三步：依次把4个人的供词转换为逻辑表达式，取值后，分别用g1、g2、g3、g4表示。如果g1+g2+g3+g4==3成立，输出当前的ss值，即当前的ss值为杀手编号，执行第四步；否则，继续假设下一个杀手编号ss++，执行第二步。

第四步：程序结束。

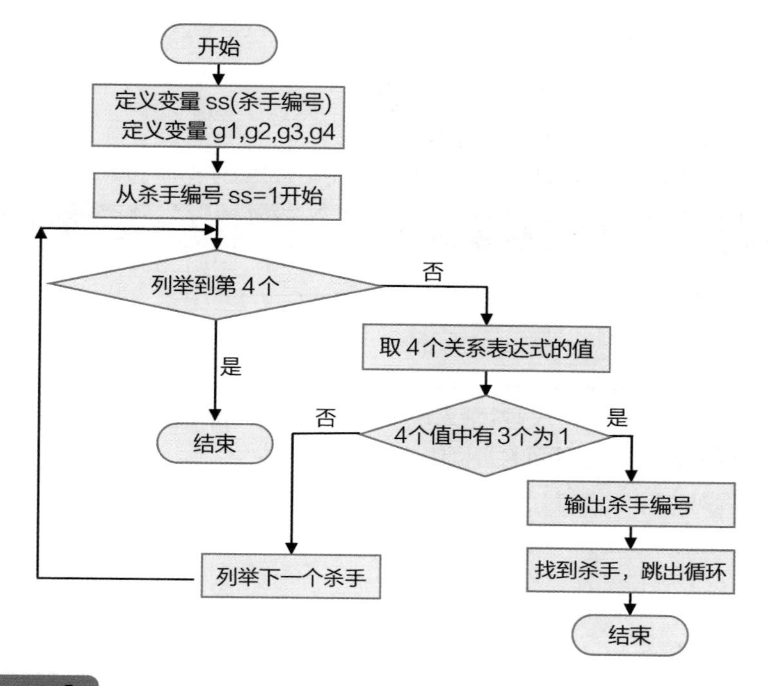

项目实施

1. 编程实现

项目 4　谁是杀手. cpp

```
1  #include <iostream>
2  using namespace std;
3  int main()
4  {
5    int ss;                              // 杀手编号
6    int g1,g2,g3,g4;                     // 4个人的供词
7    for(ss=1; ss<=4; ss++ )              // 列举杀手编号1～4
8    {
9      g1=ss!=1;                          // 甲说：不是我
10     g2=ss==3;                          // 乙说：是丙
11     g3=ss==4;                          // 丙说：是丁
12     g4=(ss!=4);                        // 丁说：丙在胡说
13     if(g1+g2+g3+g4==3)                 // 假设其中3个人说的是真话
14     {
15       cout<<ss;                        // 输出杀手编号
16       break;                           // 停止循环，不再查找
17     }
18   }
19   return 0;
20 }
```

2. 调试运行

```
3
```

输出结果说明：输出的是杀手的编号3。

测一测　请修改程序，并将输出的结果填写在相应的表格内。

序号	修改第 9 行语句	修改第 10 行语句	修改第 11 行语句	输出
1	g2=(ss==3);			
2		g3=(ss==4);		
3			g4=(ss!=4);	

想一想　如果4个人中，只有1个人说的是真话，想找出杀手，该如何修改程序代码呢？请将修改后的代码写在下面的方框中。

项目提升

1. 程序解读

判断供词关系表达式的值(0或1)是否可以参与算术运算，可以判断g1+g2+g3+g4==3是否成立，如成立，表示4个变量g1、g2、g3、g4中有3个为1，符合“3个人说的是真话，1个人说的是假话”的条件，从而确定杀手的编号。

2. 注意事项

第9～12行语句中，最终返回的是判断4个人发言真假后g1、g2、g3、g4的值，可以加括号，也可以省略括号。

项目拓展

1. 填空题

爱探险的朵拉和小猴子布茨在玩比大小游戏。游戏规则：双方同时伸出手指，每次只能出一个手指，代表一个数，谁的数大谁赢。

双方玩10局，各自出的数字如下。

朵拉：　1　4　3　4　5　1　2　3　1　1

布茨：　2　3　4　5　1　2　3　1　2　5

双方赢的情况如右图所示。

编程任务：输入10组双方所出的数，输出朵拉和布茨各自赢的局数。

思路提示：双方出数相邻，大的赢，编程时可使用“小数加1正好等于大数”来判断。如果1和5相遇，则规定出1的一方赢。

朵拉 赢三局
4 赢 3
3 赢 1
1 赢 5

布茨 赢七局
2 赢 1
4 赢 3
5 赢 4
1 赢 5
2 赢 1
3 赢 2
2 赢 1

请把以下横线上空白处填写完整，使其具有此功能。

```
1  #include <iostream>
2  using namespace std;
3  int main() {
4   int n,dora=0,boots=0;       // 双方计数器为0
5   int a,b;                    // 定义变量，表示每局出的数
6   cin>>n;                     // 输入总局数
7   for(int i=0; i<n; i++)
8    {cin>>a>>b;                // 输入每局出的数
9     if(b+1==a) dora++;        // 判定朵拉赢
10    if(_____❶_____) dora++;   // 1与5比较的特殊处理
11    if(___❷___) boots++;      // 判定布茨赢
12    if(a==5&&b==1) boots++;   // 1与5比较的特殊处理
13   }
14  cout<<dora<<endl;
15  cout<<boots<<endl;
16  return 0;
17 }
```

输入样例：

```
10
1 2
4 3
3 4
4 5
5 1
1 2
2 3
3 1
1 2
1 5
```

输出样例：

```
2
7
```

输出结果说明：输入10组数据，每组两个数，分别表示朵拉和布茨所出的数；输出3和7分别表示朵拉赢3局，布茨赢7局。

填空❶：________________　填空❷：________________

2. 填空题

一次隆重的婚礼上有3对新人：3位新郎为A、B、C，3位新娘为X、Y、Z。

有位客人不知道谁和谁结婚，于是询问了6位新人中的3位，但听到的回答如下图所示。

这位客人听后，确认他们是在开玩笑，说的全是假话。

编程任务：请根据题目叙述，编程输出真实的新人配对。

思路提示：把3人的回答转换为逻辑表达式，再列举新娘的编号。判断条件是x!=1 && x! =3 && z! =3 && x! =y && x! =z && y! =z，其中x、y、z三者互不相等，因为3位新娘不能相互配对。

新人们回答的假话	逻辑表达式 1	逻辑表达式 2
A说："我将和X结婚。"	X! ＝A	X! ＝1
X说："我的未婚夫是C。"	X! ＝C	X! ＝3
C说："我将和Z结婚。"	Z! ＝C	Z! ＝3

请把以下横线上空白处填写完整，使其具有此功能。

```
1  #include<iostream>
2  using namespace std;
3  int main() {
4   int x, y, z;
5   for (x=1; x<=3; x++)       // 列举x的全部可能配偶
6    for (y=1; y<=3; y++)      // 列举y的全部可能配偶
7     for(z=1; z<=3; z++)      // 列举z的全部可能配偶
8      if (x!=1 && x!=3 && z!=3 && x!=y && x!=z && y!=z)
9                               // x、y、z这3位新娘不能结婚
10     {
11      cout<<"X和"<<char('A'+x-1)<<"结婚"<<endl;
12      cout<<"Y和"<< _____❶_____ <<"结婚"<<endl;
13      cout<<"Z和"<< _____❷_____ <<"结婚"<<endl;
14     }
15   return 0;
16 }
```

输出样例：

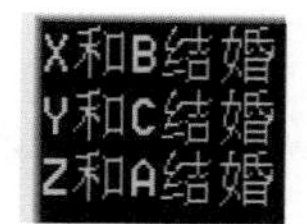

填空❶：________________　填空❷：________________

3. 编程题

大富翁游戏中，起点到终点的距离有50步。通过掷骰子确定每次前进的步数，玩家要从起点出发到达终点，多次玩游戏后，掷骰子次数较少者赢。

玩家	→	→	→	→	→									
起点	1	2	3	4	5	6	7	8	…	46	47	48	49	50

例如，游戏开始，输入1，开始掷骰子，假设掷骰子获得的点数是5，则玩家从起点出发前进5步到达第五个格子。再次掷骰子，按照骰子的点数前进……

编程任务：编程实现游戏过程。要求：输入1，玩家掷骰子；输入2，玩家放弃。

思路提示：掷骰子的数只有1、2、3、4、5、6，可以使用rand()%6+1随机产生。为了使游戏有趣，可以增加相应的提示语句。

9.3 解决实际问题

我们在生活中总会遇到一时难以解决的问题，这类问题有很多干扰因素，不容易看出问题的本质。需要我们认真阅读实例，归纳总结，排除干扰信息，从问题的描述中寻找能解决问题的已知条件，再转换为数学问题来解决。

9.3.1 复杂数据的运算

生活中，我们经常会遇到一些复杂数据的运算问题，使用常规的方法来解决经常会感觉烦琐，利用C++程序解决此类问题却非常方便。

项目名称 **海上救援**

文件路径 第9章 \ 案例 \ 项目5 海上救援.cpp

海平面上升，Q群岛中有很多小岛面临危险，施救者选择海拔较高的海岛作为大本营。救生船每次从大本营出发，去一个小岛救人后立即返回，再准备出发去下一个小岛。

已知需要营救的小岛数目，以及每个小岛到大本营的距离和岛上的人数。救生船速度为50 米/分钟，每人上船需要1分钟，下船需要0.5分钟。

例如，需要营救的小岛数目是2，第1个小岛距离大本营300米，岛上有3人；第2个小岛距离大本营400米，岛上有2人。则计算过程如下。

营救第1个小岛上的人用时如下。

$300\times2\div50+(1+0.5)\times3$

$=600\div50+1.5\times3$

$=12+4.5$

$=16.5$(分钟)

营救第2个小岛上的人用时如下。

$400\times2\div50+(1+0.5)\times2$

$=800\div50+1.5\times2$

$=16+3$

$=19$(分钟)

所以总用时16.5+19=35.5(分钟)。

编程任务：输入需要营救的小岛数目，以及每个小岛到大本营的距离和岛上的人数。计算出营救所有人花费的时间(精确到0.1)。

项目准备

要计算出营救的总时间，首先需要思考如下问题。

(1) 如何计算小船行驶的时间?

(2) 如何计算被营救者上、下船需要花费的时间?

项目规划

1. 思路分析

每次的营救时间大部分都花费在路程上，每次营救都往返两次，计算总距离时一定要乘以2，除以速度才能得到时间。小岛上每个人上下船花费的时间是1.5分钟，这一环节共花费的时间由被救人数决定。所以，可以计算每次营救的时间，累加求和，最后输出。

2. 算法设计

第一步：输入小岛的数目n，初始化时间t=0。

第二步：如没有救完小岛上的人(i<n)，则执行第三步，否则，程序结束。

第三步：循环输入每个小岛到大本营的距离j和人数p，累计营救花费时间t。

第四步：输出时间t。

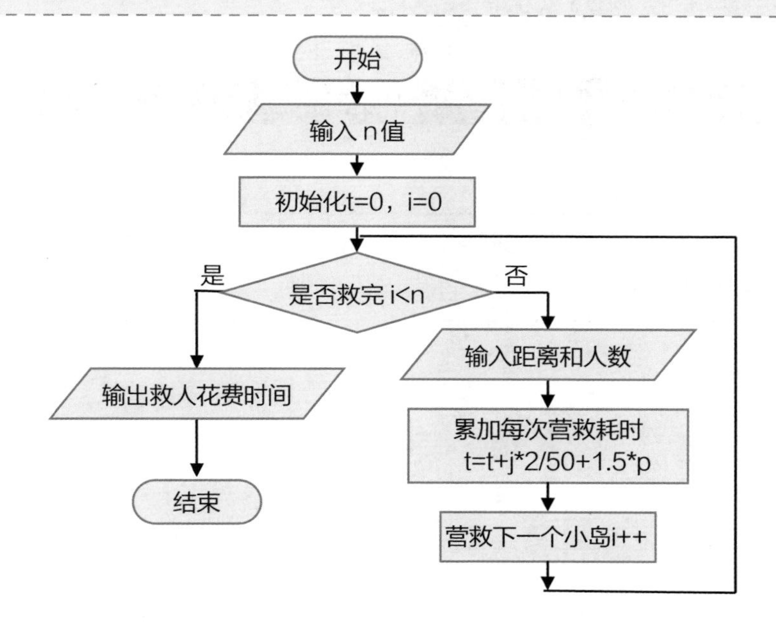

项目实施

1. 编程实现

项目 5　海上救援.cpp

```
1  #include <iostream>
2  using namespace std;
3  int main()
4  {
5    int n,p;
6    float j,a,b,t=0;        // 声明变量，初始化时间
7    cin>>n;                 // 输入需要营救的小岛数目
8    for(int i=0; i<n; i++)
9    {
10     cin>>j>>p;            // 输入小岛距离和岛上人数
11     t=t+j*2/50+1.5*p;     // 计算、累加花费时间
12   }
13   printf("%.1f",t);       // 输出营救所有人花费的时间
14   return 0;
15 }
```

2. 调试运行

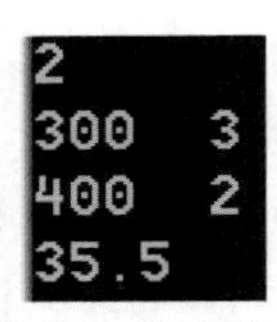

```
2
300  3
400  2
35.5
```

输出结果说明：输入两个小岛的信息，分别距离大本营300米和400米，岛上的人数分别是3人和2人，营救所有人总耗时35.5分钟。

测一测　请修改程序，并将输出的结果填写在相应的表格内。

序号	修改第 11 行语句	输出
1	t=t+j*2/30+1.5*p;	
2	t= j*2/50+1.5*p;	

想一想　如果每人上船需要2分钟，下船需要1分钟，该如何修改程序代码呢？请将修改后的代码写在下面的方框中。

项目提升

1. 程序解读

第8行代码确定了需要累加几次营救时间。

第11行代码表示先计算每一次的营救时间(j*2/50+1.5*p)，再累加给t。

2. 注意事项

输出要求为小数点后保留一位，采用C语言的格式输出：printf("%.1f",t)。其中"%.1f"表示精确到0.1。如果是"%.2f"，表示精确到0.01。

9.3.2　古典应用题新解

古代数学中有许多经典有趣的应用题。在信息技术发展的今天，尝试利用C++编程来解决这些应用题，又会发现更多的乐趣。

项目名称　**客有几人**

文件路径　第9章 \ 案例 \ 项目6　客有几人.cpp

中国古代有很多有趣的实际问题要解决，例如《孙子算经》中有这样一首诗：“妇人洗碗在河滨，路人问她客几人？答曰不知客数目，六十五碗自分明，二人共食一碗饭，三人共吃一碗羹，四人共肉无余数，请君细算客几人？”

这首诗里隐藏着这样一道数学应用题：每2位客人合用1只饭碗，每3位客人合用1只汤碗，每4位客人合用1只肉碗，共用65只碗，问有多少位客人？

编程任务：通过程序运算后，输出这位妇人家里有多少位客人吃饭？

项目准备

要计算出有多少位客人吃饭，首先需要思考如下问题。

(1) 客人数最多不会超过多少位?

(2) 客人数与碗数之间有什么关系?

项目规划

1. 思路分析

这是古代的实际应用题，要转换为数学问题。假设有x位客人吃饭，x必须是小于65的自然数，那么有饭碗x/2个，有汤碗x/3个，有肉碗x/4个，最后从1到65，逐个尝试x的值，直到满足条件为止，算式如下。

$$\frac{x}{2}+\frac{x}{3}+\frac{x}{4}=65$$

2. 算法设计

第一步：声明变量x表示客人数，初始值x=1。

第二步：如果客人数x<=65，则执行第三步，否则执行第四步。

第三步：如果满足条件(x/2+x/3+x/4==65)，则输出x的值，跳出循环，执行第四步。否则继续尝试下一个x的值(x++)。

第四步：程序结束。

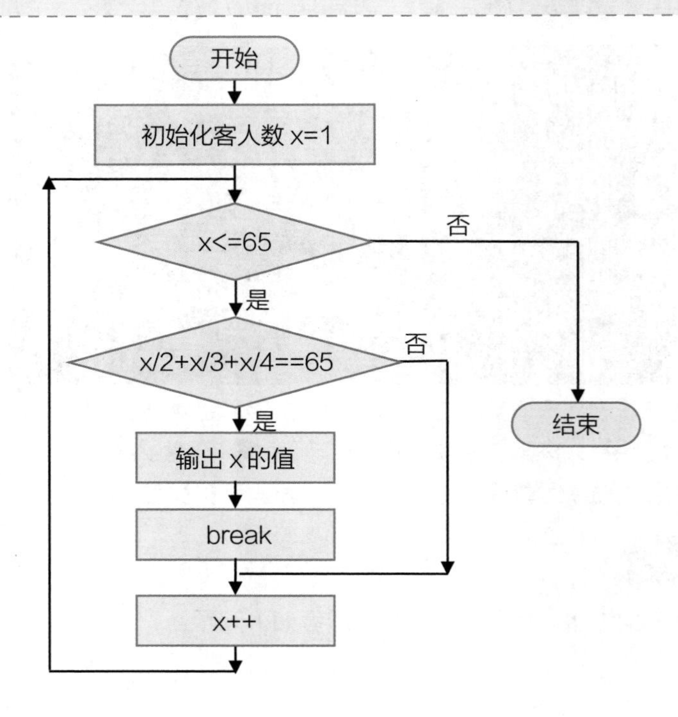

项目实施

1. 编程实现

项目6　客有几人.cpp

```
1  #include <iostream>
2  using namespace std;
3  int main()
4  {
5    int x=1;                      // 客人初始数目为1
6    while(x<=65)                  // 客人不会超过65位
7    {
8      if(x/2+x/3+x/4==65)         // 计算各类碗的数目，并判断
9      {
10       cout<<x;                  // 输出客人数
11       break;
12     }
13     x++;                        // 输出下一个数
14   }
15   return 0;
16 }
```

2. 调试运行

```
60
```

输出结果说明：有客人60位。因此，有饭碗30只，有汤碗20只，有肉碗15只，一共65只碗，符合题意。

测一测　请修改程序，并将输出的结果填写在相应的表格内。

序号	修改第 6 行语句	修改第 8 行语句	输出
1	while(x<=100)		
2	while(x<=100)	if(x/2+x/3+x/4==100)	

想一想　如果题目中的条件为：每2位客人合用1只饭碗，每4位客人合用1只汤碗，每6位客人合用1只肉碗，共用65只碗。该如何修改程序代码呢？请将修改后的代码写在下面的方框中。

项目提升

1. 程序解读

古典应用题中有很多关于自然数的运算，遇到这类运算，我们一定要联系实际确定数据的范围。有客人共用碗，所以总体客人数目不会超过65，即x<=65。

2. 注意事项

第 8 行语句中x/2+x/3+x/4==65，整数范围内整除用“/”表示。

项目拓展

1. 填空题

有n位身高不一的同学站成一排参加旗手选拔，位置编号是1…n。选拔旗手要选身高最高者。

已知n位同学的顺序和身高，从中找出旗手的位置编号。

例如，输入学生数5以及身高132、132、134、133、132，其为初始顺序，则输出旗手的位置编号为3。

编程任务：输入学生数目和各自身高，通过比较找到最高者，输出最高者的位置编号。

思路提示：先设最高值(旗手身高)为0，把5个数字和最高值进行比较，取最高值，记录最高值的位置编号，比较结束后输出最高值的位置编号。

请把以下横线上空白处填写完整，使其具有此功能。

```
1  #include "iostream"
2  using namespace std;
3  int a[101];
4  int main()
5  {
6   int n,q,qishou=0;                    // 初始化旗手的身高
7   cin>>n;                              // 输入人数
8   for(int i=1; i<=n; i++)              // 连续输入身高
9    ____❶____;
10  for(int i=1; i<=n; i++)              // 通过比较找出最高值
11    if(    ❷    )                      // 记录旗手的位置
12     q=i;                              // 输出旗手的位置编号
13  cout<<q<<endl;
14  return 0;
15 }
```

输入样例：

```
4
140 138 136 133
```

输出样例：

1

输入样例：

```
5
132 132 134 133 132
```

输出样例：

3

填空❶：________ 填空❷：________

2. 填空题

光头强喜欢砍伐高度比较整齐的树林。最高和最低的差值越大，说明越不整齐，光头强不会砍伐这样的树林。已知某片树林的树木的数量和各自的高度(<200)，如果高度差值小于5，则光头强就会砍伐这片树林，否则放弃砍伐这片树林。

例如，有5棵树，高度分别为15、9、14、20、13，高度差是11，光头强不会砍这片树林。

编程任务：输入棵数n和n棵树的高度，求出最高和最低的差值，如果差值小于5，则输出“yes”，否则输出“no”。

思路提示：依次输入树木的高度，比较得出最大值和最小值，最后求差，判断差值大小。

请把以下横线上空白处填写完整，使其具有此功能。

```
1  #include <iostream>
2  using namespace std;
3  int main() {
4      int n,a,max,min;
5      max=-1;                        // 设置最大值标准
6      min=200;                       // 设置最小值标准
7      cin>>n;                        // 输入树木的棵数
8      for(int i=0; i<n; i++)
9          {cin>>a;                   // 输入树木的高度
10          if(___❶___)  max=a;       // 取最大值
11          if(a<min)  ___❷___;       // 取最小值
12         }
13     if(max-min<5)                  // 判断差值是否小于5
14         cout<<"yes"<<endl;
15     else
16         cout<<"no"<<endl;
17     return 0;
18 }
```

输入样例：

```
5
15 9 14 20 13
```

输出样例：

```
no
```

输入样例：

```
6
15 17 16 18 17 18
```

输出样例：

```
yes
```

填空❶：________________　填空❷：________________

3. 编程题

监护室每小时测量一次病人的血压，如果收缩压和舒张压均正常则认为病人血压正常。现给出某病人若干次测量的血压值，请计算病人保持正常血压的最长小时数。

提示：正常收缩压为90～140mmHg，正常舒张压为60～90mmHg(包含端点值)。

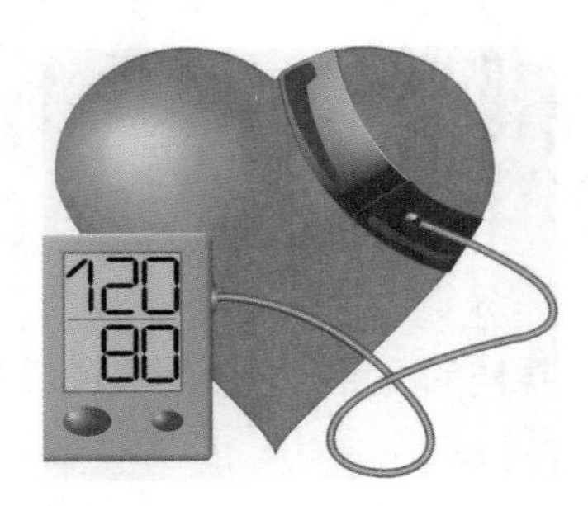

例如，输入测量次数4和4次测量的血压值。

次序＼测量	收缩压 (mmHg)	舒张压 (mmHg)	状况
1	100	80	正常
2	90	50	不正常
3	120	60	正常
4	140	90	正常

则输出血压连续正常的最长小时数2，即第3次和第4次测量时血压正常。

编程任务：输入n组血压数据，计算正常血压的最长小时数。

输入样例：　　　　　　　　　　输出样例：

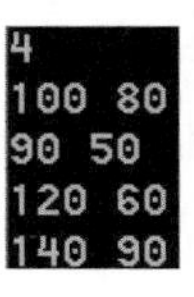
4
100 80
90 50
120 60
140 90

2

思路提示：依次输入血压值，如果正常则计时，否则计时清零。每次取计时的最大值。